总主编◎刘德海

人文社会科学通识文丛

关于 数学 的100个故事

100 Stories of Mathematics

王远山◎著

南京大学出版社

图书在版编目(CIP)数据

关于数学的 100 个故事 / 王远山著. —— 南京 : 南京
大学出版社，2018.9(2020.11 重印)
(人文社会科学通识文丛 / 刘德海主编)
ISBN 978 - 7 - 305 - 20999 - 4

Ⅰ. ①关… Ⅱ. ①王… Ⅲ. ①数学－普及读物 Ⅳ.
① O1－49

中国版本图书馆 CIP 数据核字(2018)第 225956 号

出版发行　南京大学出版社
社　　址　南京市汉口路 22 号　　　　邮　编　210093
出 版 人　金鑫荣

丛 书 名　人文社会科学通识文丛
总 主 编　刘德海
副总主编　汪兴国　徐之顺
执行主编　吴颖文　王月清
书　　名　**关于数学的 100 个故事**
著　　者　王远山
责任编辑　孙鑫源　沈　洁

照　　排　南京南琳图文制作有限公司
印　　刷　盐城市华光印刷厂
开　　本　787×960　1/16　印张 14.75　字数 273 千
版　　次　2018 年 9 月第 1 版　　**2020 年 11 月第 3 次印刷**
ISBN 978 - 7 - 305 - 20999 - 4
定　　价　35.00 元

网址：http://www.njupco.com
官方微博：http://weibo.com/njupco
官方微信号：njupress
销售咨询热线：(025) 83594756

前 言

数学在人类茹毛饮血的远古时代就诞生了。在从事各类生产活动过程中,人类学会了用抽象的符号来度量数量和计算,用简化的图形来描绘事物和表达,以至于在几千年前就累积了许多数学知识,并且有意识地使用。

作为人类文明的结晶,数学和人类历史一样不断发展,成为每一个阶段的人们认识世界和改造世界最有力的工具之一。毫不夸张地说,人类对数学掌握的程度,决定了人类文明的层次。

在科学技术高度发达的今天,数学在所有学科的发展中,成为披荆斩棘的先行者,任何一门自然科学和相当一部分社会科学,都因大量使用了数学学科的成果和研究方法而得到发展,成就了现代文明。与此同时,数学分类越来越多,内容也越来越抽象,甚至只能用简略的符号进行形而上的表达。不可否认,世界上绝大多数人的认知仍然难逃具象的范围,难以理解抽象的符号和其中表达的深刻含义,加上数学的研究和发展已经远远超过日常生活的范畴,绝大多数人也无法窥测和理解数学的宏大和瑰丽。这就使社会上出现了"数学是否应该退出大学考试"和"数学无用论"的争论。

为了改变多数人对数学的不理解,笔者按照时间顺序挑选并撰写了关于数学的一百个故事。这一百个故事涵盖了传说中的远古时代、古希腊时期、古罗马帝国时期、文艺复兴时期、近代和现代,着重讲述了数学的每一个知识如何诞生,如何发展,如何分化,又如何引出了更多的数学概念,在讲述上避免抽象的陈述,力求还原当时人类对数学的思考。这样,读者就可以了解和把握每一个数学概念诞生的原因和发展的脉络。同时,这一百个故事也覆盖了数学中几乎所有的主要分支学科,早期的计数、算术、测量和数论、中期的分析学、代数学和几何学、后期研究对象的分化和研究方法交叉使用诞生的代数拓扑学、微分几何学等在本书中都有涉及。

在本书的最后，笔者写到了一些著名的数学家，他们在数学史上熠熠生辉，但在数学圈之外却鲜为人知。这些数学家来自各个年代和不同国家，有着不一样的人生和精彩的故事，但相同的是，他们都为数学和人类文明的发展做出了不朽的贡献，努力实现人类在数学上的宏愿——超越人类极限，做宇宙的主人。

本书适合对数学有兴趣的专业和非专业人士，不论是寻找课外书以开阔视野的中小学生、对数学有大致了解从事各类工作的成人，还是数学学习者和数学史研究人员，阅读本书无不适宜。而更多先进的研究方法、抽象的描述和现代数学的最新进展，由于篇幅有限、内容过于抽象、小众及其笔者水平有限等原因，就不在本书中赘述。

笔者真心希望每一位读者都能在本书中获取到有益的知识。在阅读本书后，读者如果能燃起对数学的热情，甚至投身数学研究事业做出一番贡献，那更是善莫大焉。

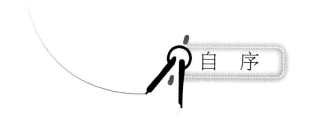

自　序

　　自毕业以来,笔者一直从事课外辅导培训工作,讲授从小学到高中各个年级数学和奥林匹克数学竞赛的课程,同时为各类数学报刊和研究所培训学校编撰试题。从事教育事业的十年来,笔者认识了很多热爱数学的学生,他们对数学的热情和对未知的探索精神让笔者深深感动,但更多的却是热衷各种网络游戏、手机游戏,只想着应付数学考试的学生。

　　这种现象让我想起了小时候,那个年代手机和网络是新鲜玩意儿,条件好的家庭可能会配置一台价格昂贵的计算机,而大多数条件普通的家庭甚至买不起任天堂的红白机,如果能到游戏店买几个游戏币都是很奢侈的。在那种物质并不充裕年代,数学题就成了我们的玩具,很多同伴不仅不畏惧解题的困难,甚至以解题为乐趣。而这种风气在成年人圈中更甚,说起哪个孩子数学好,很多家长都会非常羡慕,因为在成年人的心里,数学好和聪明是画等号的,被评价数学好,是对自己孩子最大的褒奖。

　　笔者在大学读了数学系,发现之前学习的大多数数学知识都不能称为数学,只能勉强称为算术。真正的数学宏大、抽象和深刻,让笔者相见恨晚,又庆幸自己在挑选科系上做出正确的选择,于是把大多数时间都投入到数学学习中,力求在短短的几年接受人类几百年的成果。虽然在毕业以后,笔者并没有从事数学研究而选择了数学教育工作,但始终关注着数学界的进展,并和从事数学研究的同学保持着联系。而这些,都是源自对数学的热爱。

　　这种热爱在现在的很多学生看来似乎不可理喻:明明有那么多好玩的东西,为什么非要在艰深抽象的数学上"浪费"时间?而笔者很清醒地知道,数学就像一座高峰,只有不畏艰难险阻到达峰顶,才能俯瞰美丽的景色,而在山脚下徘徊,自然不明白数学的乐趣,自然也无法理解数学对思维的训练作用,笔者能在业余时间快速地学习和掌握网页程序设计、actionscript 动画程序设计和 android 开发等计算机技能，都是拜系统的数学学习和训练所赐。

在讲课之余，笔者为多家图书公司撰写并出版了多本社会科学类、生活类等书籍，这些工作看似与数学教育和数学研究风马牛不相及，只是一个兴趣爱好，满足笔者看到文档变成铅字的虚荣心。然而在 2014 年，笔者接到红蚂蚁公司编辑韩老师的邀请，撰写《关于数学的 100 个故事》。这是一个把我的工作、写书的副业和对数学的热爱结合在一起的一项任务，也是向大众普及数学知识的一项有益的工作，于是我欣然接受。

在写作中，笔者经常沉浸在浩瀚的数学世界里不能自拔。本书虽然不能称为呕心沥血之作，但笔者至少也尽心尽力，倾注了全部热情。看到书的完成，就像看到自己孩子诞生一样，真心希望本书与读者尽快见面。

目录

第七章 代数学的发展

第八章 概率与统计学的发展

第九章 其他数学分支的发展

第一章

数学的形成

1

始创于伏羲与女娲

结绳计数与标尺的应用

传说在上古时期的中国,有一个叫作"华胥国"的国家。

一天,一个华胥国的姑娘到雷泽玩,路上看到了一个巨大的脚印,不谙世事的姑娘好奇地踩了一下,没过几天就有了身孕。十二年后姑娘生下了一个儿子,这个儿子人首蛇身,取名伏羲。

伏羲天资聪颖,品德高尚,他团结华夏各个部落,为人类开创了先进的文明。相传伏羲还是中国医药学的创始人,发明了音乐,教会人们狩猎和捕鱼,不仅如此,他还根据编渔网时的打结,发明了结绳计数。

伏羲是中华民族人文始祖,是中国古籍中记载的最早的王

在结绳计数之前,人们还没有发明数字去度量自己拥有的财产。早上打开圈门放牲畜的时候,他们绝对不敢一股脑儿地都轰出来,只能在地上画个圈,每放出去一只牲畜就在圈里放一块石头,直到圈里的牲畜都走光了,圈里就堆满了石头;等到傍晚赶牲畜进圈,每进去一只牲畜,他们就从圈里拿走一块石头,等到圈里的石头被拿光了,牲畜也就全部进去了。尽管这种一一对应的方法很直观,但对习惯到处放牧的原始人类来说不太方便,毕竟大数量的小石头不是任何地方都能找到,而且携带起来也很不方便。

在编渔网的时候,伏羲教人们用绳子打结计算数量。每天早上放出一只牲畜就在绳子上打一个结,傍晚回来一只牲畜就解开一个结,以此计数。和摆小石头相比,绳子便于携带,绳子上的结也便于保存,所以结绳计数成为早期人类的计数方式。

女娲是伏羲的妹妹,和伏羲一样,女娲也是人首蛇身,天赋异禀。她不仅练就七彩神石补天,还取地面的黄土造人,创造了世界万物。北宋《太平御览》一书中记载,女娲在正月初一造了鸡,初二造了狗,初三造了猪,初四造了羊,初五造了牛,初六造了马。到了初七女娲看了看周围,一片生机盎然,却总感觉少点什么。于是她就按照自己的样子捏了很多泥人,并施加神力,使之成为人类。为了让人们持续繁衍,靠自己的能量"造人",女娲与伏羲创造了婚嫁制度,向人类传授了生殖能力,从此人们就在大地上繁衍开来,并尊崇女娲和伏羲为生殖之神。

根据古代文献记载,女娲和伏羲蛇身缠绕,上身分开,伏羲手拿矩尺,女娲手持圆规,他们用矩尺和圆规来衡量天地,创造万物。《孟子——离娄章句上》有"不以规矩,不能成方圆"之说,充分说明了古代人民已经知道了矩尺和圆规在数学中重要的作用。

伏羲女娲图

伏羲和女娲的故事是否真实,他们是否真正创造了结绳计数和矩尺应用值得商榷,但不可否认的是,中国人在很早就开始懂得了使用矩尺和圆规进行生产活动,开启了数学文明。此外,除了中国,很多国家的古代文明都不约而同地创造了结绳计数以及圆规和矩尺。在古希腊的传说中,圆规的发明者是塔洛斯;而在古代埃及,工匠们就采用绳子打结的方式进行计算,甚至利用到盖房子上。这些自发的数学活动充分说明了人类在早期发展时对于数学的认知完全相同,而这种相同也一直影响着后来数学的发展。结绳计数发展成为代数学,而矩尺的应用也推动了几何学的诞生。

小知识

古代中国认为"天圆地方",即天就像一个球形的锅盖,扣在方形的地面上,女娲手持圆规测量天空,伏羲手握矩尺测量大地,朴素的思想导致了这两种工具的诞生。

2

泥板上的文字

古巴比伦数学的开端

公元前 3500 年左右,幼发拉底河和底格里斯河贯穿的美索不达米亚平原上生活着苏美尔人。在几十个世纪的发展中,苏美尔人创造了高度发达的文明,他们不仅有先进的铸造技术,还在黑色的玄武岩上刻下了世界上第一部法律——《汉谟拉比法典》,同时发明了适合书写的工具——"泥板书"。苏美尔人的国家——古巴比伦,也因此成了人类最早期的奴隶制国家。

考古界广泛流传着关于苏美尔人的传说,但两河流域断断续续的发现却不能激起考古界对古巴比伦的兴趣,直到 1872 年刻有《汉谟拉比法典》的石柱出土,考古学家们才把目光都集中在这片神奇的土地上。在古巴比伦遗址中挖掘出土了大量刻有楔形文字的泥板,而在这些泥板上有大量关于数学的信息。

巴比伦数字出现于公元前 3100 年左右,为目前已知最早的位值制数字系统

相传,古巴比伦是希腊文明的源头,很多古希腊早期的哲学家和数学家都有在这里学习的经历,那么古巴比伦的数学发展到什么程度呢?

由于古巴比伦有着先进的灌溉系统,他们的农业也非常发达。吃不完的农产品常常用来向周边的国家放贷,他们的数学就在放贷中发展起来。因为要计算利息,所以相较加减法,他们更重视对乘法的应用,比如要计算 34×7,他们创造性地使用了 30×7 再加上 4×7 的方法,这就是后来的乘法分配律;而对于加法,古巴比伦甚至没有记号表示。为了利用乘法分配律快速算出乘法,古巴比伦甚至编写了 1×1 到 60×60 的乘法表。

看到这里,有的人会有疑问:我们背诵的乘法表到 9×9 为止,为什么古巴比伦要费力地编写到 60 呢?实际上,古巴比伦采用的是六十进位。我们常用的十进

4 第一章 数学的形成

制,一旦数到了 9,再加 1 就需要进一位,变成 10。而古巴比伦用一个符号写到 59 后,再加上 1 才能进一位变成两个符号。另外,古巴比伦人在计时上先进于其他国家,所以我们现在使用的时间也是采用六十进制——每六十秒为一分钟,每六十分为一小时,角度也是如此,每一度角可以分为六十分。

除了乘法表,古巴比伦还有先进的倒数表、平方表、立方表和开方表。在耶鲁大学博物馆珍藏的一块编号为 7 289 的泥板上,记载着 $\sqrt{2}$ 的近似值,按照十进制进行换算,结果为 1.414 213,已经达到了非常高的精度。为了计算复利,古巴比伦放贷的商人们甚至随身带着刻着指数表的泥板,他们乘法计算的普及程度可见一斑。

古巴比伦利用放贷的方式与外国进行经济合作,而对内的分配也丝毫不含糊。另一块泥板记录了这样一个问题:兄弟十人分三分之五米那的银子("米那"是古巴比伦的重量单位,1 米那＝60 赛克尔),相邻的兄弟两人所分的银子之差相等,而且老八分得的银子是 6 赛克尔,求每个人分得的银子数量。这个问题说明了古巴比伦已经熟练掌握了相邻数之差相等的数列,即等差数列。在出土的泥板上类似的例子不胜枚举,充分显示了古巴比伦人极高的算术和代数水平。

除此以外,古巴比伦人的几何也达到了相当发达的程度,他们不仅能算出圆周率的近似值,还能求出柱体和棱台的体积,他们知道毕氏定理,甚至会计算三元二次方程组。在天文学上,古巴比伦人通过大量的观察和计算,制定出严谨的历法,我们现在使用的十二个月就是来自古巴比伦历法。由于更多的楔形文字并没有被完全解读出来,所以考古学家和数学史专家认为,古巴比伦人还有更多的文明和数学水平不为人所知,而解读剩下的"泥板书"也成为考古学家的重要课题之一。

作为四大文明古国之一,古巴比伦高超的数学水平影响着周围的国家,见贤思齐的古希腊人从古巴比伦学到了数学,并且把这些知识带入了巴尔干半岛,形成了独特的古希腊文明,最后传遍了整个欧洲。因此,从某种意义上说,古巴比伦是西方文明最初的发源地。古巴比伦遗址在现在的伊拉克境内,和六千年前的辉煌相比,现在的两河流域战火连连,冲突不断,民不聊生,这种反差真是令人唏嘘不已。

小知识

古巴比伦人用草根在泥板上刻划文字。这种文字像木楔的形状,因此被称为楔形文字。他们把刻好楔形文字的泥板放在火中烧干烧硬,便于携带和保存,以至于几千年后的今天,上面的文字还清晰可辨。

3

写在莎草纸上的数学

古埃及的数学

发源于埃塞俄比亚高原上的尼罗河是世界上最长的河流,在蜿蜒六千七百公里后,尼罗河在埃及注入地中海。对埃及人来说,尼罗河赋予了他们丰富的水资源,灌溉着两岸的土地,孕育了尼罗河河谷和古埃及文明,尼罗河是名副其实的"埃及母亲河"。

安详的尼罗河有时也会"发怒"。每年六月份尼罗河开始涨水,到了九月份达到最大流量,对没有现代水利工程的古埃及人来说,这样周而复始的洪水就是一场灾难。洪水过后,肥沃的土地渐渐从水下露出来,界碑早就被冲得不见踪影,为了解决土地丈量问题,高超的几何学和测量学在古埃及的奴隶主阶层中诞生了。

鹰神荷鲁斯为拉美西斯二世沐浴祈福

莎草纸是古埃及人常用的书写工具,在出土的一张莎草纸上记录了这样一段内容:法老拉美西斯二世把土地分成大小相同的正方形,然后分给每一个埃及人,同时,他规定支付年税作为国家收入的来源。如果一个人的土地被河水冲走,他可以找法老申报,然后法老会派人调查并测量减少的土地数量,测量之后,这个人就可以按照剩下土地的比例进行缴税。从这段话看出,古埃及人已经能熟练地使用几何工具进行土地测量了。

此外,古埃及人在建筑上也有很高的造诣,举世闻名的金字塔就是他们杰出的建筑成就之一,有的莎草纸显示,古埃及人已经懂得了类似于金字塔形状的正四棱台的体积计算。莫斯科美术博物馆珍藏的莎草纸——莫斯科莎草纸上面记录了二十五个数学问题,其中有一个问题是这样的:"你这样说,一个正四棱台六腕尺高,顶面每边四腕尺,底面每边二腕尺。你可以这样做:将四乘以自己,得到十六,再把底边二乘以顶边四，得八，将二乘以自己，得四，把上面得到的十六、八和四相加，得二十八，再取高六的三分之一，乘以二十八，得五十六。看，这个五十六就是你要求得体积。"这个描述让所有数学史专家感到震惊，这说明了古埃及人早在4000年前就很熟悉正四棱台的计算公式了。

相较于古埃及人的几何水平，他们的计数系统和代数水平也丝毫不逊色。数学史专家相信，古埃及人受到人有十根手指的启发，是最早采用十进位的国家之一，但他们的十进制却不太完善，比如十万竟然用一只鸟表示。尽管和古巴比伦人相比，古埃及人的计算能力稍弱，但也独立发展出了乘法分配律，对于乘除法，古埃及采用连续加倍的运算完成，比如 15×26，他们先把 15 分成 $1+2+4+8$，分别与 26 相乘。

此外，说起古埃及的数学，不得不提到还有"荷鲁斯的眼睛"。荷鲁斯是古埃及神话中的鹰神，也是法老的守护神。在古埃及对荷鲁斯的描述中，它的眼睛蕴含着深刻的数学知识，如果我们把它眼睛的每部分拆开，会发现每一个元素代表者 1/2、1/4、1/8、1/16、1/32 和 1/64，这些分数组合起来可以表示分母为 64 的任何分数。

荷鲁斯之眼

古埃及人在二元一次方程组的求解和数列的计算上也有很强的能力，但和他们高超的几何学相比就相形见绌了。现代人深刻了解数学的作用，所以用数学的研究成果推动着科技的发展和生活水平的提高，但在远古时期，人们并没有对数学有这么高的认识，只有在生活和生产需要的时候，才会发展数学，使用数学。古埃及人正是为了分配土地和建造建筑才发展出了高超的几何水平，但当他们觉得够用的时候，就开始故步自封，并没有进一步研究和传承下来，古埃及在外族侵略后，这些高超的数学也只能随着莎草纸淹没在历史的长河中了。

小知识

坊间一直流传金字塔有很多数学上的未解之谜，以胡夫金字塔为例，金字塔每面墙壁三角形的面积等于其高度的平方，塔高与塔基之比等于圆半径与周长之比等等，这些"巧合的现象"是英国的约翰·泰勒等人测量发现的。尽管金字塔对古埃及人来说是个很大的工程，但工程测量中出现这些数字是很正常的事情，完全不值得大惊小怪。

4

阻止战争的日食

泰勒斯和沙罗算法

公元前 585 年 5 月的哈吕斯河流域,米底王国的大军正在和吕底亚王国的军队进行厮杀。在过去的十几年里,来自伊朗地区的米底王国一路向北,所向披靡,入侵并征服了许多国家;位于土耳其地区的吕底亚王国尽管弱小,却以逸待劳,奋勇抗争,战场上的双方势均力敌,谁也无法战胜对方,这场战役竟然进行了五个年头。

战火蔓延,生灵涂炭,百姓民不聊生,苦不堪言,持续的战争引起了身在古希腊的泰勒斯的注意。泰勒斯是古希腊米利都城邦的著名学者,他创立了古希腊最早的学派——米利都学派,同时他也是西方第一个有名字记载的数学家和哲学家,被称为"科学与哲学之祖"。为了解救米底王国和吕底亚王国的百姓,泰勒斯决定走访两个国家来说服他们停止战争,和平共处。

泰勒斯

在两个国家的军营中,泰勒斯分别见到了军方的将领。面对这位远近闻名的学者,双方的将领都很客气,他们都希望自己能得到泰勒斯的指点来打败对方,早日结束战争。实际上,经过连年的战乱,米底王国的士兵早已疲惫不堪,他们希望能早一点回去与自己的家人团聚,而吕底亚的居民希望米底的军队快点从本国撤走,恢复本来的生活。了解到双方都有意结束战争,泰勒斯决定给双方一个台阶下,维持在不失去颜面的情况下调停战争。

"上天对这场战争很气愤,它决定要给你们一些警告,如果你们再不停止战争,那么将会有大祸临头——上天会遮住太阳,让你们永远得不到光明。"泰勒斯严正警告他们。

听完泰勒斯的说法,双方的将领都不以为然:打仗是人类之间的斗争,和上天有什么关系呢?这个泰勒斯真是徒有虚名,竟然用这种话来骗人。两方军队的首领不约而同地赶走了泰勒斯,继续投入到激烈的战斗中。5 月 28 日的上午,双方军队正如往常一样每天进行战斗。突然狂风大作，天空渐渐暗下来，士兵们面面相觑，他们纷纷放下武器，不再战斗，而是望向天空看看究竟。出人意料的一幕发生了，太阳被遮去了一角，而且阴影还在不断扩大——发生了日食。当时的科学技术并不发达，人们还不知道日食发生的原因，联想到泰勒斯的警告，双方将领都以为上天真的动怒，于是指挥着军队撤离了战场，并且迅速签订了和平条约，达成了永不再战的约定。

根据近代数学史考证，泰勒斯是用了古巴比伦的沙罗算法推算出日食发生的。沙罗算法是计算日食发生的时间规律的算法，古巴比伦人通过大量资料统计和计算发现：一般来说，每隔一个沙罗周期，即 18 年 11.32 天，日食就会在地球上发生；而每隔三个沙罗周期，即 54 年 33 天，日食会在同一个位置出现。

不仅是西方的泰勒斯，很多通晓数学的古代东方人也利用各种演算法预测当时无法解释的天文现象，成为众人口中的奇人异士。唐朝的著名道士李淳风就利用类似于沙罗算法的方法为唐太宗成功预测过一次日全食，得到了太宗皇帝的信任，最后获得高官厚禄。

正如伽利略所说，数学是上帝用来书写宇宙的文字。天体的运行、股票的走势、人口的增减、建筑的受力，无一例外地符合某些特定的规律，尽管我们无法掌握宇宙中的所有规律，但可以肯定的是，所有规律都能用数学来描述和解释。因此，在任何时代，数学都是一个高深而广泛的学问，不管你喜爱它或者讨厌它，数学永远都不会消失，它巨大的作用和影响力会贯穿整个历史，为人类的进步和科技的发展提供支持。

小知识

泰勒斯游历了古巴比伦和古埃及后，学到了很多几何知识。回到古希腊以后，泰勒斯把知识一般化，总结出了一些基本的定理：一、圆被它的任一直径平分；二、半圆的圆周角是直角；三、等腰三角形两底角相等；四、相似三角形的各对应边成比例；五、若两个三角形两角和一边对应相等，则两个三角形全等。后来，这些定理被欧几里得写进《几何原本》。

5

万物皆数的惨案

毕达哥拉斯学派

当古巴比伦和古埃及数学文明已经很发达的时候，古希腊对数学还没有明确的认识。不过千山万水也无法阻隔古希腊的贵族和奴隶主们好学的决心，他们或横跨土耳其海峡，或者扬帆地中海，到古巴比伦和古埃及学习数学知识。年轻的毕达哥拉斯听从他老师泰勒斯的建议，也游历了这些国家，成为古希腊数学界的翘楚。

毕达哥拉斯出生在古希腊一个贵族家庭，他的父亲同时也是一个商人，往返于地中海各个国家，这为毕达哥拉斯的游学创造了条件。当毕达哥拉斯返回以后，他开始在古希腊开办学堂，吸收众多门生并推广自己的思想，久而久之，毕达哥拉斯和他的学生们形成了一个举世闻名的学派——毕达哥拉斯学派。

毕达哥拉斯

在古希腊的计算、数论和几何上，毕达哥拉斯和他的学生们有着很大的贡献，其中最引人注目的就是直角三角形三边长的关系——毕达哥拉斯定理，也就是我们说的勾股定理。毕达哥拉斯学派认为，世界上的一切都是由数字1组成的，任何物体都是1的整数倍，在他们的教义中，"万物皆数"，"数是世界的本原"，"一切数都可以写成整数或者整数之比"。

真理是掩盖不住的。在毕达哥拉斯学派中有一个叫作希帕索斯的人，他通过简单的计算，发现当正方形的边长为1时，对角线长无法用整数或者整数之比表示，这一发现直接导致了无理数——不能用整数和整数之比表示的数——横空出世。希帕索斯的发现使毕达哥拉斯学派大为恐慌，也引起了当时古希腊学术界的强烈震撼。要知道，当时的毕达哥拉斯学派已经不单纯是一个数学学派，更是一个哲学学派和政治派别，如果毕达哥拉斯学派所尊崇的本源发生了改变，那么他们的其他论述也就不会令人信服了。恼羞成怒的毕达哥拉斯学派无法反驳无理数的存在,于是决定处死希帕索斯以儆效尤。这一历史事件被称为"第一次数学危机"。

在一个寒冷的午后,可怜的希帕索斯被他昔日的同伴们装进一个铁笼子里,在众人冷漠的注视和毕达哥拉斯学派的欢呼中,铁笼子在水中缓缓下沉。希帕索斯就这样以惨烈的方式结束了自己短暂的一生,但真理是不会随着希帕索斯的死而沉入水底的,从此以后,无理数逐渐被古希腊各数学家承认,而希帕索斯也被追认为世界上第一个发现无理数的人。

实际上,毕达哥拉斯学派并不是故步自封的学派。虽然他们反对无理数,但在数学上的确是功大于过,我们现在使用的很多定理和结论,在哲学中使用的很多思想都是毕达哥拉斯学派的成果。毕达哥拉斯学派的诞生,影响和鼓舞着其他古希腊数学家和哲学家。从此,古希腊学术进入了百花齐放的时代。

毕达哥拉斯学派在一场政治暴动中灭亡,毕达哥拉斯本人在这场政治暴动中被暗杀,弟子和门徒也作鸟兽散,散布在古希腊各地。从更高的角度来看,毕达哥拉斯学派的灭亡是历史的必然。在科学不发达的当时,人们希望能掌握绝对的真理来理解世界,把握自己。毕达哥拉斯带着数学文明而来,人们当然会给予他更高的要求,不仅是数学上的,哲学上的,更是政治上的。但一旦涉及政治,一定会有更强的反对力量,毕达哥拉斯学派的覆灭也就不足为奇了。

小知识

关于 $\sqrt{2}$ 是无理数有很多证明,而希帕索斯的证明是最简单的。史料记载,他的证明方式如下:证明:假设 $\sqrt{2}$ 能用分数表示,即 $\sqrt{2}=p/q$,其中 p 和 q 已约分。平方后得到 $2q^2=p^2$。

因为左侧是一个偶数,所以 p 一定是偶数,可以表示成 $p=2k$,即 $2q^2=4k^2$,除以 2 后,得到 $q^2=2k^2$,即 q 也是偶数。由于 p 和 q 都是偶数,可以约分,这与之前"p 和 q 已约分"矛盾,所以 $\sqrt{2}$ 不能用分数表示。

6

印度数学的十进制

当我们每天使用 0 到 9 的十个数字进行记录和计算的时候,很少会去思考这些数字的来源,尽管这些数字叫作阿拉伯数字,实际上却发源于印度,严格说应该是"印度数字"。

印度离中国并不远,但阿拉伯数字却经过两次大迁徙才来到我们的身边。

除了古巴比伦,其他文明古国早期都采用了十进制的方法,不过古希腊十进制并不完备,他们除了 0 到 9 十个数字以外,又引入了其他的符号,表达很混乱;古代中国在商朝就使用十进制,但也只是在奴隶主阶层小范围使用,并没有推广开来,尽管后来出现了算筹,但用起来很不方便;只有古代印度的十进制被广泛使用和传播。

古印度的阿拉伯数字的创立符合"天时"、"地利"和"人和"。实际上,阿拉伯数字的创立非常晚,大约在 300 年,在古印度西北部的旁遮普也就是现在的巴基斯坦境内,印度人才陆续地创立了十进位的数字记号、小数点和进位的规则,而此时,古希腊已经被古罗马帝国征服,数学的发展戛然而止,全民开始使用现在钟表上常用的罗马数字。

没有古希腊人的竞争,印度人后来居上,这就是阿拉伯数字诞生的"天时"。旁遮普地区接连帕米尔高原,西方的阿拉伯帝国很难打进来,连续四百年没有战争,让旁遮普地区的数学变得异常发达起来,这就是阿拉伯数字诞生的"地利"。直到 700 年左右,阿拉伯帝国的军队终于攻陷了旁遮普地区,征服者突然发现,印度人的计数方式比他们要先进很多,于是很多印度的数学家被抓到他们的首都巴格达,向阿拉伯学者传授印度数字的写法和算法。可怜的印度数学家们只能在巴格达度过余生,而他们使用的数字也在阿拉伯地区生根发芽,不仅阿拉伯的学者们使用,就连商人们也用阿拉伯数字进行计算。

后来,做生意的阿拉伯商人们把这种计数方法传到了西班牙,西班牙人以为这种计数方法是阿拉伯人发明的,于是称这种数字为"阿拉伯数字"。大约在 10 世纪,时任教皇热尔贝·奥里亚克利用自己的宗教力量把阿拉伯数字推广到了欧洲各地。直到 1200 年,欧洲的数学家都开始使用阿拉伯数字进行研究工作了,但这种优秀的计数方式只在高阶层的人群中使用,普通人是无法触及的。

阿拉伯数字

阿拉伯数字在欧洲广泛使用,要归功于文艺复兴早期的数学家斐波那契了,他独立地向阿拉伯人学习了阿拉伯数字和计数方法,并传授给普通大众。到了 1500 年,在欧洲大陆上阿拉伯数字的使用已经非常普遍了。阿拉伯数字在 13 到 14 世纪传入中国,在这里,马可·波罗做出了很大的贡献,但当时的中国人过于习惯使用算筹进行计数,所以阿拉伯数字并没有得到推广,直到 20 世纪初,中国人才开始逐渐使用阿拉伯数字——世界上最方便而且最广泛使用的数字——进行计算。

阿拉伯数字经过了上千年在丝绸之路上往返,才传回它的诞生地——亚洲。现代的知识交流很方便,网络、电话等通讯方式层出不穷。在交流不发达的古代,知识更多是通过战争和商业的作用才得到交流和融合。战争一方面给人民带来了苦难,另外一方面也为不发达地区带来了文明,好在大多数胜利者并没有因为战胜而对先进文明大开杀戮,在今天我们才能收获到几千年累积下的数学的馈赠。

小知识

在阿拉伯数字传入之前,欧洲使用的是罗马数字,其中他们用 IIII 来表示 4,但从中世纪开始,一些罗马人为了节省空间,使用 IV 替代 IIII。这种写法得到了大多数人的反对,因为在罗马神话中众神之神朱庇特名字的缩写就是 IV,应该避讳。至今,这两种写法同时存在于各种文献中。

7

数学与宗教的结合

印度数学的《绳法经》

公元前 3000 年,印度土著人达罗毗荼人居住在印度河流域的哈拉帕等城市。根据历史记载,达罗毗荼人创造了"哈拉帕文化",他们有很高的数学水平,但公元前 2000 年,雅利安人入侵印度,这些文化也就消失了。至今,考古学家还无法破译哈拉帕文化遗址中的符号。因此,说起印度数学,数学史家都会从公元前 300 多年的孔雀王朝开始算起。

印度数学最显著的特点是它与宗教相结合。在古代印度,婆罗门教——也就是今天的印度教开始兴起,一本叫作《仪轨经》的著作成为当时印度家庭必备的经书。

《仪轨经》是六支吠陀支之一,用梵语写成,所谓吠陀,是知识和光明的意思。其中包括《随闻经》——祭祀的方法;《家宅经》——家庭祭祀和日常行为守则,包括出生礼、葬礼、婚礼和取名等方法;《法经》——人们应该遵守的法律以及最让数学家感兴趣的《绳法经》——关于神庙和祭坛的建造方法。

《绳法经》如果按照意译,即为"结绳的规则"。它成书的具体时间已不可考证,但一般认为在公元前 8 世纪到 2 世纪间陆续完成,早于印度知名的史诗《摩诃婆罗多》和《罗摩衍那》。关于建筑的方法,书中进行了严格的规定,比如祭坛的形状可以是正方形、圆形或者半圆形,但不管是哪种形状,面积一定要相等,这就要求印度人要能做出和正方形等面积的圆或者两倍于正方形面积的圆,取一半就得到了与正方形面积相等的半圆,他们由此提出了很多几何和代数的问题,并且给出了有趣的演算法。更为有趣的是,《绳法经》中有很多算法,至今无法确定他们是怎么得到的。比如圆周率 π 他们有的采用这样的算法:

$$\pi = \left(1 - \frac{1}{8} + \frac{1}{8 \cdot 29} - \frac{1}{8 \cdot 29 \cdot 6} - \frac{1}{8 \cdot 29 \cdot 6 \cdot 8}\right)^2 = 3.088\,3$$

有的采用 $\pi = 3.004$ 和 $\pi = 4\left(\dfrac{8}{9}\right)^2 = 3.160\,49$ 进行计算。另外,对于 $\sqrt{2}$,书中的算

法是

$$\sqrt{2}=1+\frac{1}{3}+\frac{1}{3\cdot4}-\frac{1}{3\cdot4\cdot34}=1.414\ 215\ 686$$

虽然这些数据和圆周率的真实数值相比并不是太准确,但数学史家对这些数据的来源非常感兴趣——计算 π 时使用的 6、8、9 和 29 都是怎么来的?印度人为什么和古埃及人一样,用分子为 1 的分数通过加减得到圆周率 π? 有的数学家认为这些数字是婆罗门教中很神秘的数字,只有这些数字组合的代数式才能运算 π 和 $\sqrt{2}$ 等无理数的近似值,而和古埃及算法相同,则很有可能是因为文化的交流——商人把埃及的演算法从非洲带入阿拉伯地区,再传给印度。

在《绳法经》之后,印度人受到了更多的外族侵扰,匈奴人、蒙古人等先后入侵、占领,又受到印度人的反抗。印度数学就在这种命运多舛的环境中寻找着和平时期,断断续续地发展着。在印度数学史上,恰好生在战争的缝隙中的数学家们前仆后继,推动着印度数学的发展,其中阿耶波多(476 年—约 550 年)、婆罗摩笈多(598 年—665 年)、马哈维拉(9 世纪)和婆什迦罗(1114 年—约 1185 年)是其中最杰出的代表。

他们发展和改进了古希腊的三角学,制定了印度的正弦表,对二元一次方程组采用了辗转相除法(欧洲称为"欧几里得算法")进行求解,对于二次方程,则发展出了求根公式。到了婆什迦罗时期,印度数学家已经能熟练使用现在三角函数中的公式,并且能认识和广泛使用带根号的无理数了。

综观印度的数学史,古印度数学家令人唏嘘不已。他们是幸运的,可以学习到其他国家的数学成果并加以发展;他们又是不幸的,多次战争让他们的数学无法得到系统性的全面发展,仅仅在几个数学分支上出现了亮点。

但不可否认的是,印度人和中国人一样,有着高超的数学天赋,在美国华尔街利用数学进行金融分析的金融工程师们,在洛杉矶"硅谷"利用数学研发各种 IT 产品的计算机科学家们,很多都来自印度和中国。也许有人会为欧美人建立的数学系统和标准感到羡慕,但谁又能预料代表东方数学的印度和中国不会在未来异军突起,在数学领域有着更大的贡献呢?

小知识

和毕达哥拉斯学派相同,印度人认为整数是最和谐的数字,为了表示圆和正方形中含有的数字,他们习惯用整数和分数来代替这些无理数。

有数学家认为,印度人关于 π 和 $\sqrt{2}$ 的表示应该和古希腊三大几何作图问题之一——化圆为方有关。

齐桓公与九九歌
春秋时期的数学

　　春秋时期,周天子对诸侯国彻底失去了控制,只能依附强大的诸侯。各诸侯国为了争夺霸权,占领更多的地盘,互相征战,从公元前770年到公元前476年间,逐渐形成了齐桓公、宋襄公、晋文公、秦穆公和楚庄王五个霸主,史称"春秋五霸"。

　　如果要称王称霸,只有强大的军事而没有人才的支持是不行的,为了争夺人才,各个国家的君王想尽一切办法,豢养了很多门客,但门客们常常只能得到衣食住行的支持,在精神上得不到任何的尊重。

　　齐桓公和其他君主一样因求贤若渴而广招贤士,一年过去了,没有一个有真才实学的人前来,这令齐桓公大为恼火。

　　一天,东野来了一个自称有很强能力的人,齐桓公非常高兴,在大殿接见了这个贤人。齐桓公问:"你有什么才能,能助我成就霸业?"贤人回答道:"回大王的话,我会九九算术歌。"

　　听到他的回答,齐桓公十分生气,小小东野草民,九九算术歌是人人都会,竟然来这里邀功请赏,但齐桓公毕竟是君主,要顾及君主的形象,只能强忍住怒火,讽刺道:"会九九算术也能算一技之长,我们齐国这样的人到处都是!"

　　贤人回答道:"大山也是细小石头堆积起来的,大海也是涓涓细流汇集的。九九算术歌不算什么,但如果您对我以礼相待,还担心比我高明的人不来吗?"

　　听了贤人的回答,齐桓公觉得很有道理,于是便用"庭燎"——在大庭点燃火炬,这种当时最高规格的形式接待贤士。一个月过去了,四面八方的贤士听到齐桓公礼贤下士的故事,都来投靠齐桓公,而齐桓公也成为"春秋五霸"中最先称霸的君主。

　　这个故事所谓的九九算术歌,就是每个学生都会背诵的九九乘法口诀。

　　从故事中的对话我们会发现,春秋时期的数学已经相当发达,关于数的计算已经发展到很普及的程度。要知道当时很多国家,包括数学发达的古希腊也是刚刚才从古埃及和古巴比伦那里学习到数学知识而已。

那么，在没有阿拉伯数字的时候，古代中国使用什么方式表示数字进行计算呢？聪明的中国人发明了算筹，所谓算筹，是一些小木棒，或者动物骨骼磨制成的骨棒。《孙子算经》记载："一纵十横，百立千僵，千、十相望，万、百相当……"也就是说，记数的时候，和古代书写一样，从右向左，有几个数就放几根算筹，个位竖着放，十位横着放，百位竖着放，千位横着放，剩下的依此类推，空位用空一个格来表示，这样就不会错位。算筹的作用不仅如此，古人为了解决实际问题，还利用算筹计算多元一次方程组的解。根据史书记载，加减消元法和代入消元法都已经被数学家们使用得很熟练了。

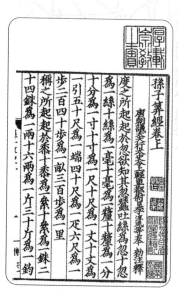

《孙子算经》书影

除此以外，比春秋更早的西周初期，中国人就已经掌握了毕氏定理，比毕达哥拉斯发现相同定理还要早五六百年，甚至在周公和商高的对话中，数学史家们还发现，商高使用了相似的方式进行了测量。这些无不说明了，在春秋时期，中国有着很高的数学水平。

在周朝贵族教育体系中，周朝官员要求学生们要学习六艺——礼、乐、射、御、书、数，其中数就是数学，可见当时的贵族阶层已经意识到了数学的重要性。但由于年代过于久远，加上秦始皇焚书坑儒对典籍的毁灭性打击，六艺中《数》已经失传，因此，我们只能通过其他典籍窥见当时数学的辉煌成就。虽然中华文明并没有断层，但古代中国人重视经验而轻视理论，重视政治和文学而轻视科技，起点很高的中国数学在未来的两千年后渐渐掉队，而落后于其他国家了。

小知识

在春秋时期，以墨翟为首的墨家撰写的《墨经》中记载了很多数学问题，其中包括光学、力学、逻辑学和几何学等。在《墨经》中，给出了点、线、面等基本几何图形的定义，同时也给出了平行线、圆的图形的概念，甚至还对无穷大和无穷小等进行了探索。可惜的是，在焚书坑儒以后，墨家渐渐衰落，墨家的数学理论还没有发扬光大就消失了。

第二章

数学的分化

9

飞矢不动

埃利亚学派的诡辩

严格来讲，最早期的数学是从哲学里分化出来的。

在古希腊哲学家的思考中，无一不影响着数学的变革，而他们很多观点也成为数学中重要的命题。在古希腊历史上，最早的唯心主义哲学派别——埃利亚学派成为其中最著名的学派。

公元前 5 世纪，位于意大利半岛南端的埃利亚城邦出现了一位叫作克赛诺芬尼的学者，他提出了"存在"是宇宙万物的共同本质。看起来这是一句平凡无奇的话，在当时却是很了不起的。在此之前，哲学只能研究那些可以看得见、摸得着的东西，但世界上还有很多确实存在但无法看到的物质，比如物理里的电场、磁场等，又比如宗教中的神。一句话存在解决了在认知上的问题，是人类认知论上的巨大进步。

克赛诺芬尼的徒弟巴门尼德和徒孙芝诺很好地继承了他的思想，形成了埃利亚学派，但巴门尼德却认为世界上到处充满了"存在"，是"永恒不变"的，因此事物是"永恒地静止"，运动只是"假象"。他的学生芝诺为了证明这种观点，举了飞矢不动的例子。

设想一支飞行的箭，在每个时刻，它在空间中会存在在一个位置，如果把这些时间分成无穷份，每一份非常小，箭是不动的，所以芝诺认为，飞行的箭是静止而不是运动的。这就是历史上著名的芝诺飞矢不动悖论。

所谓悖论是在逻辑上可以推导出相互矛盾的结论，但表面上又能自圆其说的命题。芝诺的描述看起来没有任何问题，却从运动得到了静止的结果。尽管看起来明显是错的，但在当时还是没有人能反驳芝诺。

芝诺的另外一个悖论也被人熟知——阿基利斯追乌龟的故事。阿基里斯是神话中的英雄，以善于奔跑著称。一次他和乌龟赛跑，乌龟在前面 B 点开始跑，他在后面追。在竞赛中，阿基利斯跑到乌龟原来的位置 B 点，而此时乌龟已经在前方 C 点了；如果阿基利斯跑到 C 点，乌龟又会在阿基利斯的前方 D 点，以此类推，阿基利斯永远无法追上乌龟。

在希腊故事中，阿基利斯是所有英雄之中最耀眼的一位

今天，我们可以利用无穷大、无穷小、微积分和级数求和等数学观点毫不费力地解决芝诺悖论，但也不要因此嘲笑古人的愚笨。要知道，上述数学观点也是两千多年来，无数数学家深刻钻研芝诺悖论和其他问题的研究成果，也就是说，没有芝诺悖论和其他问题的"蛋"，也就不会有"鸡"——现在的各种数学概念和工具。

数学的每一次进步，都是无数数学家为之努力奋斗得来的。在前进的道路上，人类会发现各式各样显而易见或者难以理解的现象和观点，对于这些观点的疑问促使了人类不断地问"为什么"，而后续的数学家会沿着这条路走下去，直到找到真理。从某种意义上说，提出问题和解决问题同等重要。当然这里的"提出问题"并不是漫无目的地胡乱一问，而是站在更高的层次上，经过深思熟虑地提出提纲挈领的问题，促使数学家们更深层次地思考，从而得到结论。而此时的收获不仅是得到了解决问题的结论，在论证的过程中，思想和方法才是最重要的成果。不管是悬而未决的哥德巴赫猜想，还是三百年后被怀尔斯攻克的费马最后定理，都是鲜活的案例。

小知识

埃利亚学派诞生于公元前5世纪，学派中的每个学者都能言善辩，他们维护奴隶主贵族的统治，宣传唯心主义和形而上学。由于埃利亚学派活动于奴隶主贵族统治的埃利亚城邦，所以得到了统治阶级的维护和重视。所谓"成也萧何，败也萧何"，随着奴隶主中民主思想的兴盛，这个学派也因为得不到支持而迅速衰落。

10

墓志铭上的难题

代数学的开创

自毕达哥拉斯之后，很多古希腊的数学家认为，只有经过类似于几何证明的论证方式才是正确的，才是天衣无缝的，所以他们不屑去研究数字的特点和计算方法，对于未知数也兴趣寥寥。

当这些古希腊的数学家们都在地上画图研究几何的时候，在亚历山大后期，出现了一位数学家——丢番图。和其他数学家不同，丢番图没有从众选择几何作为研究的重点，他把更多的精力放在了计算和数论上，最终被奉为代数学创始人之一。

由于丢番图的研究工作实在太不合群了，所以在历史纪录中，关于他的生平纪录非常少。只是在500年左右的《希腊诗文选》中，有46首和代数有关的诗歌，这些诗歌肯定了丢番图对代数学开创和发展的重要作用。另外，丢番图所著的《算术》也是代表着古希腊数论和代数最高水平的一本名著，这本一共十三卷的数学典籍仅仅在15世纪发现了希腊文版本的六卷，1973年在伊朗发现了另外四卷的阿拉伯文，剩下的三卷已经失传。

在丢番图的墓碑上，我们可以看到这位数学家的执着和幽默，墓志铭写道：

路过的人请看一看，这坟中安葬着丢番图，下面忠实地记录了他所经历的道路，请你算算丢番图活了多少年。

他度过了占有生命六分之一的童年，又经过了十二分之一的生命，他开始长胡子，再过了七分之一，他结了婚。

五年后他的儿子出生了，可怜这个儿子，仅活到父亲年龄的一半就去世了。

丢番图很悲伤，只能通过研究数论来忘记，又过了四年，丢番图也走完了人生旅途。

他终于告别了数学。

对当时的人来说,这个问题算是一道难题,但是我们可以用方程式很容易地解决。如果设丢番图的年龄为 x,根据他的童年为 $x/6$,童年到长胡子时间是 $x/12$,剩下的以此类推,把这些时间加在一起等于他的整个年龄 x,得到 $x=84$。

除此以外,丢番图的研究还包括丢番图方程——系数和解都是整数的方程。进而,数学家们提出关于丢番图方程的几个重要问题:丢番图方程有解答吗?除了一些显而易见的解答外,还有哪些解答?解答的数目是有限还是无限?理论上,所有的解答是否都能找到?实际上能否计算出所有解答?直到 1970 年,数学家们才用马蒂雅谢维奇定理证明出:不可能存在一个算法判断丢番图方程是否有解。至此,丢番图方程问题才算尘埃落定。

丢番图的另一个重要贡献是丢番图逼近论,简而言之,如果规定一个数字,如何找到满足条件的无穷个有理数,让这些数越来越接近规定的数字,并且测量到底有多接近。尽管丢番图是在有理数上进行讨论的,但更多的例子都说明,20 世纪以来,丢番图逼近论在无理数上有重要的应用。

丢番图之所以能名垂竹帛,在数学史上占有很重要的地位,和他不从众的研究项目有关。实际上,和其他古希腊数学相比,丢番图所处的年代并不久远,如果其他古希腊数学家在代数和数论上发力,这些成果可能会易主,丢番图也就不会有如此大的贡献。由此看来,在任何学科领域,想要有大的成就,必须挣脱当时的束缚,独辟蹊径,才能有机会看到别人不曾经历的风景,成为一个新方向的开创者。

小知识

丢番图的《算术》代表着古希腊算术和代数的最高水平,但直到 16 世纪,这本书才传入欧洲。首先,胥兰德根据阿拉伯文版本翻译成了拉丁文,随后巴歇又把拉丁文版本翻译成希腊文。法国数学家费马正是看到了拉丁文版本后才走上了数学的道路,他在这本书中写下了很多批注,其中就有"费马最后定理"的猜想。费马去世以后,他的儿子把批注和《算术》拉丁文版本结合在一起出版。

11

贾宪与杨辉三角

二项式系数展开图

在宋朝，很多有知识的人都会在外面开办私学，相对于官府开的官学，私学就是今天的补习班。

对于数学来讲，官方的重视程度不够高，学生的数量远远不及学习经史子集的人多，所以只能在私学中学习。但就是这些宋朝的补习班，靠着师徒之间的传承和发展，把对《九章算术》的研究推广到一个新的高度。

贾宪就是其中一员。

贾宪是北宋时期著名的数学家，他在研究《九章算术》的时候，发现了这样一个问题：今有积一百八十六万八百六十七尺，问立方几何？ 在这里，尺实际上是立方尺的意思，问题实际上在问，体积是一百八十六万八百六十七立方尺的正方体，边长是多少？如果知道了边长，求体积很容易，只需要边长的三次方就可以，但对一个数开根号，就不是一件简单的事情了。 于是贾宪采用了 $(a+b)^3 = a^3 + 3a^2b + 3ab^2 + b^3$ 这样的公式，把数字进行拆分，最后得到了结果。

那么，如何对于一个数更高次方呢？为此，贾宪找到了两项乘方公式的展开式的一般特点，形成了我们看到了二项式定理。

我们观察一下这些式子：

$(a+b)^1 = a+b$

$(a+b)^2 = a^2 + 2ab + b^2$

$(a+b)^3 = a^3 + 3a^2b + 3ab^2 + b^3$

$(a+b)^4 = a^4 + 4a^3b + 6a^2b^2 + 4ab^3 + b^4$

$(a+b)^5 = a^5 + 5a^4b + 10a^3b^2 + 10a^2b^3 + 5ab^4 + b^5$

在等式的左侧，有 a 和 b 两项，所以左侧被称为二项式。

在 1050 年左右，贾宪完成了对《九章算术》的研究，撰写了《黄帝九章算经细草》，不过原书已经失传。

好在南宋的数学家杨辉早就在自己的书中引入了此书大量的内容，我们才能看到贾宪的研究成果。

为了纪念贾宪的开创性工作和杨辉对成果的抢救性保留，于是这种规律被称为贾宪-杨辉三角。

杨辉不仅是一位数学家，也是当时台州地区的地方官员。和贾宪相比，杨辉不仅能找到更多的数学资源，动用更多的人力来进行数学研究，更重要的是，他可以把自己的研究成果很好地保留下来。除了大量如实引入贾宪的成果，杨辉《九章算术》研究的深度和广度也是值得称赞的，更重要的是，他对速算的贡献。

在南宋，由于江南地区的农业和经济空前发达，对计算的要求也越来越高。杨辉在研究工作的同时，发明了很多速算的方法，比如 $179×21$ 变成 $(180-1)×(20+1)$ 进行计算。甚至为了让学生能更好地掌握速算，他还撰写了《习算纲目》——中国最早的习题集。

1427 年，阿拉伯数学家阿尔·卡西在

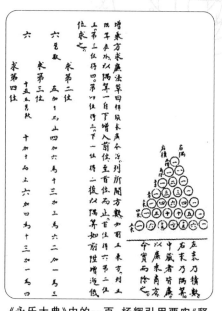

《永乐大典》中的一页，杨辉引用贾宪《释锁算书》中的贾宪三角形

《算术的钥匙》一书中才有关于贾宪-杨辉三角的记载。而 1527 年之后，德国和法国的数学家才陆陆续续地发现了这个规律。

在西方，法国数学家帕斯卡所著的《论算术三角形》流传广泛，因此，贾宪-杨辉三角才被世人熟知，因而这个规律也被称为帕斯卡三角。

在中世纪，统治欧洲的古罗马帝国并不重视数学的研究，一度导致了数学发展停滞不前，中国数学家们才有机会捷足先登，抢先发现了诸如贾宪-杨辉三角这样的规律。

试想一下，如果古罗马的数学能延续古希腊数学发展的速度，中国的数学家就不会有这样的机会。因此，我们在看待数学发展历史时，不能仅仅因为中国领先多少年而感到骄傲自满，应该客观冷静地结合历史进行分析，明确自己的位置。

12

平面几何学的集大成

《几何原本》

说起世界上传播最广泛的书籍，几乎每个人都知道是《圣经》，但传播第二广泛的书籍就不为许多人所知，这就是古希腊数学家欧几里得的《几何原本》。

公元前 364 年，欧几里得出生在雅典，这时的雅典拥有整个古希腊最著名的学校——柏拉图学园。

位于牛津大学自然历史博物馆的欧几里得石像

在欧几里得十几岁的时候，和其他青年一样，渴望进入柏拉图学园学习。但当他鼓起勇气走到柏拉图学园门口的时候，却发现门前熙熙攘攘，大家都挤在门口不进去，原来门口挂了一个木牌，上面写着——"不懂几何的人不能入内"。

为了让学生们明白几何的重要性，在创建柏拉图学园时，柏拉图亲自立下了这样的规矩。在学园门口的学生们议论纷纷，大家都不知道该进还是不该进。欧几里得心里想，我就是不懂几何才过来学习的，于是他整理了一下衣服，头也不回地走了进去。在柏拉图学园里，欧几里得学习了当时最先进的几何知识，但他越学越感到困惑——当时的几何知识零碎不系统，不仅有许多尚未研究明白的问题，还出现了很多谬误。于是，他决定要写一本关于几何的书籍。

为此，欧几里得走遍了当时几何学最发达的几个城市，甚至还到了几何学的发源地古埃及的亚历山大城学习。公元前 300 年，欧几里得六十多岁的时候，他终于完成了空前绝后的《几何原本》。

《几何原本》是古希腊数学发展的顶峰，也是世界数学史的一个新高度。它不仅对公元前 7 世纪以来的几何学进行了深刻的总结，更是首创性地把几何学置于

这幅《雅典学院》，是以古希腊哲学家柏拉图所建的柏拉图学园为题，以古代七种自由艺术——语法、修辞、逻辑、数学、几何、音乐、天文为基础，以彰显人类对智慧和真理的追求

严密的逻辑系统中，对未来几何学和其他科学的发展做出了垂范，影响了整个世界科学的思维方法。迄今为止，世界上任何一个几何学习者都会从《几何原本》的内容开始学习。欧几里得所著的几何也被称为——欧氏几何。

《几何原本》一共十三卷，涉及今天平面几何与立体几何的全部内容。如果要研究某个科目，对内容的定义和最初的规则要制定好，因此在第一卷中，欧几里得总结了几何最基础的二十三个定义、五个公理和五条公设，作为整个欧氏几何大厦的地基。在剩下的十多卷中，又对此展开，提出并解决了很多问题。在证明方法上，欧几里得也开创性地发明了从结论找原因的分析法，从原因一步步证明出结论的综合法，以及假设结论不成立，最后证明出矛盾的反证法。

《几何原本》在明代传到中国，经过修订的《几何原本》此时已经增补到十五卷。明朝数学家徐光启和传教士利玛窦一起翻译了前六卷，我们现在使用的"几何"、"点"、"线"、"平行"等词汇都是徐光启和利玛窦共同敲定的。但由于徐光启为父守孝和利玛窦的过早病逝，剩下的九卷则在清朝才由数学家李善兰和传教士伟烈亚力翻译完成，至此，这本伟大的著作才有了完整的中文版。

历史上有许多著名的数学家，但能称得上伟大的不外乎寥寥几人。要在数学史上得到伟大之名并不是一件容易的事情，除了有高超的数学水平，更重要的是有

中文版《几何原本》中的插
图：徐光启和利玛窦

开创性的工作。牛顿的微积分、欧几里得的《几何原本》都是开创性工作的典范，给后人的研究指引了方向，引领了后世数学的发展。在《几何原本》诞生后的两千多年，数学家们对它的研究从来没有停止，其中哥德尔对第五公设是否有必要存在的研究证明了不完备性定理，而罗巴切夫斯基和黎曼对第五公设的改变的研究，又创造了非欧几何。他们因此都成了名垂千古的数学大家。

小知识

　　《几何原本》并不只有几何知识，在第八、九、十章中，记录的全是初等数论的问题，而书名《几何原本》也因此经常被翻译成《原本》。原本的含义是事物的根源，而书中建构知识系统所采用的定义、公理和公设，也成为几何学和数论最基础、最根源的内容。

13

《周髀算经》与勾股定理

《周髀算经》是流传至今的中国最早的数学典籍。

它成书于公元前 1 世纪，不仅讲述了数学问题，也是中国最古老的天文学著作。甚至在唐朝，它是皇家学校数学系——国子监明算科的指定教材之一。在书中，一个著名的故事至今仍被津津乐道。

周文王的第四个儿子叫作姬旦，也就是"周公解梦"的周公，他问当时的数学家商高："我听别人说您数学水平很高，有个事情一直不明白，还请您解答。伏羲创造历法用了很多数学方法，这些数学方法是怎么得到的呢？"

商高回答道："数学的方法很多来自圆和正方形等这样的几何图形，圆又来自正方形，正方形又从长方形中得到，长方形的面积又是通过九九八十一这样的乘法口诀计算出来的。"

周公

"举个例子，一个直角三角形，如果较短的直角边长度是三，较长的直角边长度是四，那么斜边就是五。这个规律是当年大禹治水时发现的。"

上面这个故事就是几千年来流传下来的"勾三股四弦五"。

长久以来，很多人认为《周髀算经》中也仅仅是找到了正好满足三角形三边的三个整数，实际上，在《周髀算经》的上卷二明确写着"若求邪至日者，以日下为勾，日高为股，勾股各自乘，并而开方除之，得邪至日"有了明确的说明：任何一个直角三角形中，两条直角边的平方之和一定等于斜边的平方。

这个定理在中国被称为"商高定理"，在外国被称为"毕达哥拉斯定理"。

《周髀算经》中关于勾股定理的描述得到了后世很多数学家的注解和证明，从三国时期的数学家赵爽，到北周时期的甄鸾，再到唐朝的李淳风，无一不对勾股定

公元前 18 世纪记录各种勾股数组的巴比伦泥板

理产生了浓厚的兴趣,他们不仅研究了定理的证明,还对相关问题,诸如开方、乘方等进行了深刻的研究,取得了很多丰硕的成果。

当然,西方数学家也不会对勾股定理袖手旁观。

古希腊数学家毕达哥拉斯在西方最早陈述了这个定理,因此在西方,勾股定理被称为"毕达哥拉斯定理"。

据说为了庆祝这个伟大的发现,毕达哥拉斯学派宰杀了一百头牛来祭祀神灵,因此这个定理又被称为"百牛定理"。

不过,即使按照《周髀算经》的成书年代计算,中国的勾股定理也早于西方几百年。

但是,谁是历史上最早发现这个定理的呢?

1945 年,在古巴比伦的遗迹中出土了几块公元前 19 世纪的泥板,上面竟然刻着很多组勾股数,这说明古巴比伦早在四千年前可能就掌握了这一规律。看来世界上最早掌握勾股定理的头衔只能是大禹和古巴比伦人来争夺了。

在数学发展史上,从来没有一个定理像勾股定理一样隽永、美妙、容易理解,从刚会乘法的孩童,到耄耋老人,几乎每个受过基础教育的人都知道这个定理。

勾股定理有着重大的意义,它不仅影响着数学的发展,更影响了无数人的生命轨迹。几千年来,无数数学家和数学工作者都是从这个定理了解数学、爱上数学,最后从事数学研究和工作。迄今为止,勾股定理已经出现了四百多种证明方法印证了这一点。

在上个世纪美国发射的旅行者一号航天器中携带了一张黄金圆盘,科学家们把它作为给未知外星人的礼物,而勾股定理作为人类科技发展的代表也被镌刻在圆盘上,向未知生命宣告地球上的科技发展水平。

小知识

2002 年,第二十四届国际数学家大会在中国北京召开,这是数学界最高级会议首次在中国召开,其中会议的会徽采用中国古代数学家赵爽证明勾股定理构建的图形。赵爽创造性地使用图形填补的方式进行证明,并且给了详细的批注:"按弦图,又可以勾股相乘为朱实二,倍之为朱实四,以勾股之差自相乘为中黄实,加差实,亦成弦实。"

14

算术基本定理

初等数论的诞生

　　人类对数字的认识是从实物中抽象出来的,比如三块石头、七个人等等,所以表示数量的自然数成为数学历史上最早研究的数字,而关于自然数的研究,诞生了数论的基础——初等数论。

　　在古希腊时期的数学研究中,几何学占有统治地位,但也有一些数学家对初等数论产生兴趣,比如丢番图等,而几何学的集大成者欧几里得也对数论有很大的贡献。

　　关于自然数,人们开始研究的是它们的组成,比如 5 可以是 1 和 5 相乘,而 12 既可以能写成 1 和 12 相乘,又可以写成 2 和 6 相乘,还可以写成 3 和 4 相乘。在初等数论中,5 只有 1 和它本身作为因子,而 12 除了 1 和本身以外,还有别的因子,这两个数是不相同的,于是把类似于 5 这样的数叫作素数或者质数,把类似于 12 这样的数叫作合数。进一步,人们还发现,无论给出一个多大的合数,都可以拆成很多质数相乘,而且这种拆分方法是唯一的。

　　欧几里得作为一个几何学家,博采众家之长是他的工作之一,他不仅要积极地学习关于几何的知识,还要吸收其他数学科目的知识。当他在研究合数拆分问题的时候,突然意识到这个规律似乎是一个藏宝图,如果按照这个规律研究下去,会发现一块巨大的宝藏,欧几里得很兴奋,于是他把这个规律总结成一个定理——算数基本定理。

　　严格来说,没有经过严谨证明的"定理"并不是真正的定理,只能算是猜想。

　　虽然这个规律显而易见,但要得到其他数学家认可就一定要有完整无误的证明。而古希腊学术圈中,这种思想更甚,如果没有证明,这种猜想就毫无价值。为了得到其他人的认可,欧几里得只能进一步完善证明。

　　为了证明这个定理,欧几里得发明了很多证明的方法,比如先否定掉这个定理再找到自相矛盾的反证法,还有如果两个自然数相乘能被另一个质数除尽,这两个自然数中一定至少有一个能被这个质数除尽的欧几里得引理。

另外,欧几里得还由此发展出了很多现在数论中的基础定理,比如辗转相除法——又被称为欧几里得除法等,奠定了他在古希腊数学界的地位。

从此,算数基本定理就诞生了,被更多的数学家接受。

不过,欧几里得看到了这个定理的重要性,却没有预料到这个定理在未来有超乎自己想象的更大的作用。

从算数基本定理衍生出整个初等数论的知识体系,而人们越来越发现初等数论已经不足以研究质数的结构了,于是又发展出代数数论、解析数论等学科。其中最有名的就是德国数学家哥德巴赫给瑞士数学家欧拉信中提到的"哥德巴赫猜想"。

算数基本定理好像是一个巨大毛线球中的线头,它深刻地捕捉到了数论知识体系中的源头和基础,从这个源头按图索骥就能拆解整个数论。在任何一个学科中都有这样的源头,千百年来,几乎每个科学家都希望自己第一个发现这样的源头和基础,从而名垂青史受到后续研究者的顶礼膜拜。不过想要有如此成就非常艰难,只有天才的头脑和精准的洞察力是远远不够的,更重要的是要有好的运气。试想一下,如果欧几里得没有得到命运女神的垂青,没有接触到这个规律,他也不会有在几何学以外的成就。

小知识

在初等数论中,有很多看似简单却难以证明的问题。在数字中,如果一个数恰好等于它的除了本身以外的因子之和,那么这种数叫作完全数。第一个完全数是6,因为6的非本身因子有1、2和3,这三个数相加为6。数学家们现在仍然无法证明是否有完全数是奇数。

15

希腊三角学的发展

对没有现代历法的古人来说,要精确计算类似于"日""年"这样比较长的时间并不是一件简单的事情。不过古人的智慧远远超过了我们的想象,他们通过观察日月星辰的运动来计算时间,发展出了古代天文学,从中又衍生出了数学中一个重要的学科门类——三角学。

三角学是研究三角形三个边和三个角度的特点以及它们之间关系的学科。不过,当时比较重视三角形的边,还没有出现角度的概念,只能通过把圆分割成扇形来计算角度。古人发现,在某一时刻地面上的一根木棒经过太阳照射产生了影子,不管木棒和影子多长,它们的比值相同,而这个比值又和太阳照射的角度有关。同时,古希腊人认为地球是宇宙的中心,日月星辰把地球作为圆心做圆周运动。在相同时间内通过观察太阳和月球运动过的角度,可以计算两者到地球的距离之比。

阿里斯塔克斯是古希腊著名的天文学家,在《论太阳和月亮的大小和距离》的文章中,他写道:当月亮刚好半满的时候,太阳和月亮的视线之间的夹角小于一个圆的一百二十分之一,根据计算,地球到太阳的距离是地球到月亮距离的十八到二十倍之间。尽管我们知道地球不是宇宙的中心,但这种算法无懈可击,完全正确。不过遗憾的是,由于当时测量方法匮乏,阿里斯塔克斯把最开始的数据弄错了,实际上夹角应该是圆的两千一百六十

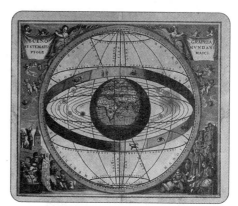

以地球为中心的宇宙体系图

分之一,这也导致了与真实值"约四百倍"相差很大。相较之下,著名数学家和物理学家阿基米德的父亲菲迪亚斯得到十二倍的结果就更不可靠了。

除了天文学,古希腊数学家们发现,三角学的很多规律都可以用在建筑和航海

上。如果要测量一个建筑的高度,可以通过测量木棒和影子的长度间接计算出来;测量海中两个岛屿之间的距离,也可以使用相似的关系进行计算。古希腊的数学家泰勒斯游历到古埃及,法老向他炫耀金字塔的同时也不忘记揶揄这个学者,让他快速地测量出金字塔的高度,泰勒斯通过一根木棒利用三角学很快地计算出金字塔的高度,这让法老大为惊讶。

在古希腊后期,三角学诞生的准备工作由希波克拉底和梅涅劳斯相继完成。希波克拉底根据扇形弧长和弦长的比值整理出世界上第一个三角函数表,而梅涅劳斯也完成了世界上公认的第一部三角学著作,平面几何中也有用梅涅劳斯命名的定理。三角学诞生的临门一脚是著名数学家、天文学家托勒密完成的。托勒密总结了前人的成果,把角度作为一个单独的数学符号提取出来,形成我们现在使用的角度,从此,三角学就在数学史上宣告了它的诞生。

三角学是命运多舛的数学门类,一直都依附着天文学发展,尽管在建筑和航海中使用,但并没有当作数学重视研究,在诞生之时又遭遇到古希腊衰亡的厄运,在后续的一千多年里,三角学没有值得称赞的发展,以致文艺复兴时期欧洲人的三角学知识也没有提高多少,15 世纪的哥伦布甚至还用 1 世纪托勒密的三角学知识去航海到美洲,估计的地球半径少了许多,直到临死前还以为自己到达的是印度。因此,任何知识想要真正成学科,继承和发展是必需的。

小知识

在三角形中,角度的大小会影响边的大小。以直角三角形 ABC 和直角三角形 ADE 为例,我们发现 $\dfrac{DE}{AD}$ 和 $\dfrac{BC}{AB}$ 大小相等,这是因为它们在各自的直角三角形中,所对应的角度相同,都为 $\angle A$。在直角三角形中,对边与斜边的比例称为正弦,用 sin 表示,也就是说在这个图形中,有 $\sin A = \dfrac{DE}{AD}$ 或者 $\dfrac{BC}{AB}$。除了正弦以外,还有余弦、正切、余切、正割和余割等三角函数名称。数学家们根据直角三角形中的三角函数的概念,在平面直角坐标系中引申出了任意角度三角函数的概念。

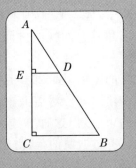

16

米诺斯国王子的坟墓
古希腊三大几何作图问题

在古希腊文明之前,巴尔干半岛南部的地中海中有一个叫作克里特岛的地方,上面有高度发达的文明,史称米诺斯文明。古希腊诗人厄朵拉塞记录过这样的一个故事,米诺斯国王的儿子克劳科斯在古希腊雅典被杀,他觉得给儿子修的立方体坟墓太小,让工匠们把坟墓的体积增加一倍。后来,米诺斯又说:"把立方体的每个边长加倍。"对于这个问题,厄多拉塞说这是不可能的,每个边长加倍,体积变成了八倍而不是两倍。这就是古希腊数学史上的三大几何作图问题之一:立方倍积——已知一个立方体,做另一个立方体,求新立方体的边长。

另外一个传说也和立方倍积问题有关,相传公元前 400 年,雅典城邦爆发了一场规模很大的流行病,雅典人束手无策,只能求助于太阳神阿波罗。阿波罗告诉他们,只要把它神庙前的正方形祭坛体积扩大一倍,它就帮助消除这场灾难。悲剧的是,当时所有的古希腊数学家都无法解决这个问题。

随着古希腊数学的发展,很多几何作图问题在建筑学的要求下应运而生,大多数问题都被解决,但其中三个问题不管数学家们如何努力也无法做出,立方倍积问题就是其中之一。除了立方倍积问题,还有已知一个圆,做出与圆面积相等的正方形的化圆为方问题,以及把任意一个角度三等分的三等分角问题,这些问题要求只能用没有刻度的直尺和圆规做出,但古希腊数学家们用了几百年都无法攻克。

太阳神阿波罗

难道这是偶然事件吗?

1830 年,18 岁的法国天才数学家伽罗华首创了开启现代代数学的"伽罗华理论",站在更高的位置对这三个几何问题进行研究,很巧妙而轻松地证明了立方倍积和三等分角是无法用直尺和圆规做出的。到了 1882 年,德国数学家林德曼证明,圆周率 π 和 $\sqrt{2}$ 不一样,不是普通的无理数,而是一种叫作超越数的无理数,超越数是无法用直尺做出的,最终攻克了化圆为方的问题。至此,经过两千多年,希腊三大几何作图问题全部得到解决——它们都无法用直尺和圆规作图做出。

三大几何作图问题意义非凡。首先,从探究它们的方法到证明出"不可为",数学家们得到了很多"副产品"。尽管作图是几何问题,但数学家们把它们转化成代数问题,从抽象代数到超越数论,几乎所有数论的推动都用到了研究三大几何问题产生的数学工具和结论。其次,在证明三大几何作图问题之前,数学家们一直认为,任何一个数学问题最终一定会被攻克,只是需要一定的时间。实际上,在伽罗华和林德曼之前,很多数学家提出的问题或者猜想都被解决出来了,人们充满自信,几乎认为人类在数学上无所不能。但伽罗华和林德曼的结论告诉所有人,有很多数学问题是不可解的。最重要的一点,数学家们认识到,很多数学问题的求解依赖于更高层次的数学理论,所以在 20 世纪后,很多数学家摒弃了在已知的数学上反复推演,致力于更高层次数学的创造和研究,形成了现在数学的百花齐放的格局。

小知识

　　欧几里得发现,正三边形、正四边形、正五边形和正十五边形,以及边数是这些数字两倍的正多边形都可以用直尺和圆规做出,但其他正多边形能不能够作图,什么样的正多边形可以做出,欧几里得并没有解答。

　　到了 19 世纪,德国数学家高斯和美国数学家温泽,彻底解决了这个问题:

　　正 N 边形可用直尺和圆规做出,仅当 $N=2^m p_1 p_2 \cdots p_k$(其中 $p_1, p_2, \cdots p_k$ 是形如 $2^{2^n}+1$ 质数)

　　看起来一道基础的几何问题,就这样和数论联系在了一起。

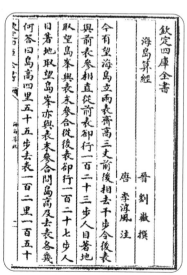

17

《海岛算经》
中国最早的测量数学著作

东汉末年和三国时期，常年的征战使整个中国只剩下几百万人口，但此时数学的发展并没有完全停滞，相反在某些数学家的努力下，中国的数学和测量学有了飞速的发展。其中，最重要的成果是三国魏景元四年时数学家刘徽撰写的《海岛算经》。

说起刘徽在数学史上的贡献，最著名的是他用"割圆术"来计算圆周率。刘徽发现，如果一个正多边形的边数越多，那么这个正多边形就越来越接近一个圆，此时只需要计算正多边形的周长和最长的对角线，就可以作为圆的周长和直径，相除就得到了圆周率。通过这种方法，刘徽做出了正 3 072 边形，把圆周率计算到了 3.141 5 和 3.141 6 之间，远远超过我们现在使用的近似值 3.14。他把这一结果写入了对《九章算术》的注解中，也就是《九章算术注》中。《九章算术注》比《九章算术》多了一章，即第十章，这一章，刘徽亲自撰写了自己测量时使用的几何方法，称之为《重差》。《重差》在唐朝被单独发行成书，入选数学教材，又被称为《海岛算经》。和其他数学著作不同，《海岛算经》是一个问题集，书中全部的九道题都是有关高和距离的测量。刘徽采用已知长度的简单的竹竿和木棒，利用多次不同位置测量得到的数据，计算出可以看到但无法到达的目标的长、宽、高和距离。其中，第一道题是这样说的："今有望海岛，立两表，齐高三丈，前后相去千步，令后表与前表参相直。从前表却行一百二十三步，人目着地取望岛峰，与表末参合。从后表却行一百二十七步，人目着地取望岛峰，亦与表末参合。问岛高及去表各几何？答曰：

《四库全书》中《海岛算经》的首页

岛高四里五十五步;离表一百二里一百五十步。"

　　翻译成现代汉语即为"假设测量海岛,立两根高均为三丈的竹竿,竹竿前后相距一千步,让后一根竹竿与前一根竹竿在同一直线上,从前一根竹竿向后走一百二十三步,人正好能从竹竿的头观察到海岛上的山峰,从后一枝竹竿退行一百二十七步,人也能从竹竿的头观察到海岛上的山峰,问岛高多少?岛与前一枝竹竿相距多远?答:岛高四里五十五步,离竹竿一百零二里五百五十步。"在问题的后面刘徽讲解了求解这个问题的方法,和现在使用的三角形相似完全相同。尽管在早于三国的古希腊时期,西方数学家们也使用几何工具进行测量,但他们测量的方式、计算的方法和准确率都无法与《海岛算经》相提并论,这一方面是因为古希腊数学更重视理论的推演而忽视数学的应用,另外一方面也与古希腊三角学的羸弱有关系。直到 15 世纪,西方的数学家们才渐渐重视起数学在测量上的应用,使用了与刘徽相同的方法。

　　《海岛算经》在后世也得到了极高的重视,在唐朝,《海岛算经》作为"算经十书"被规定为数学教材;在明代永乐年间,内阁首辅解缙总编了《永乐大典》,《海岛算经》被收录在这 3.7 亿字的浩瀚典籍中。除了无法确定明成祖朱棣的长陵中是否有原本外,现存世界上的只有当年被侵略时被英军带走,珍藏在英国剑桥大学图书馆里的孤本了。斗转星移,物是人非,但作为中国最早的测量学著作,《海岛算经》在中国数学史上会一直熠熠发光。

小知识

　　西方对于《海岛算经》的研究从未止步。美国数学家弗兰克·斯维特兹在翻译和研究《海岛算经》的过程中,比较了古希腊、古罗马和《海岛算经》的测量部分,他认为,尽管古希腊重视理论,但在测量器具上要远远逊色于《海岛算经》中的器具,以至于他们的结论的精确性相差甚多。直到文艺复兴时期,欧洲才迎头赶上,达到了《海岛算经》的水平,但此时的中国数学出现了断层,很多优秀的成果没有得到保留。明朝时期,徐光启和利玛窦合著的《测量法义》还不如《海岛算经》精确。

18

震惊世界的计算方法

测量地球周长

古希腊人很早就知道人们所在的地面实际上是一个球体。毕达哥拉斯认为，圆形和球体是最优美的图形，所以大地应该是球面的；航海家们发现，从远处行驶过来的帆船，都是先看到桅杆，然后慢慢地才看见船身，说明大地并不平，是一个弧面；最有力的证据要归功于亚里士多德，他通过观察月食发现，月亮上被遮挡的黑影是圆形的，而这个黑影是地球的影子，无可辩驳地得到了地面是个球面的结论。那么，地球的周长是多少呢？

埃拉托色尼出生在希腊的北非殖民地，为了接受良好的教育，父亲送他到雅典学习，并最终成为著名的哲学家、天文学家，更是一位著名的地理学家。由于他博闻多识，被当时的埃及国王聘请为皇家教师，并且在当时世界科学中心——亚历山大里亚图书馆担任一级研究员。亚历山大里亚图书馆藏书众多，给了埃拉托色尼很好的研究条件，而一个宏伟的计划也在他的脑海中渐渐诞生——测量地球的周长。

埃拉托色尼选择了正南正北方向上的两个地方——西恩纳和亚历山大里亚，观察了夏至日那一天太阳的角度。在西恩纳的一个岛上有一口深井，夏至的当天阳光正好可以直射进井底，这说明了太阳在夏至日是垂直于西恩纳地面的。同时，他又在亚历山大里亚选择了一个很高的塔，测量夏至当天影子的长度，这样就可以算出塔与阳光的角度。得到这些数据后，埃拉托色尼计算出西恩纳到亚历山大里亚的球面角度为一个圆的五十分之一，也就是说地球周长是这两地的五十倍。

下一步，埃拉托色尼从助手那里得到西恩纳和亚历山大里亚的距离为五千希腊里，最终得到地球周长为二十五万希腊里的结论。

如果把希腊里换算成现在使用的公里，埃拉托色尼的结论为 39 375 公里，和真实资料只有几百公里的差别！这个两千多年前的结论着实令人惊讶！

埃拉托色尼有出色的数学水平，这让他在自己主业——地理研究工作中游刃有余。除了测量地球的周长外，他还利用数学工具重新制定了地图，发明了经纬线的前身——经纬网格来描绘地图,他根据自己得到的数据,推测了希腊以外有人居住区域的地理位置,就连现在西方用的地理学一词,也是他引入的。而以上所有的成就,都和他高超的数学水平有关。

很多其他学科的科学家数学水平都很高。根据统计,所有的诺贝尔经济学奖都是由数学水平很高的经济学家,甚至就是数学家获得的,而理论物理也用大量的数学工具进行研究。毫不夸张地说,如果不懂数学,很多科学研究都会陷入停滞。

埃拉托色尼在两千多年前就明白这个道理,他也身体力行,通过数学获得远远超越同时期其他地理学家的成就,闪耀在地理学史中。对很多人来说,现代的数学理论艰深、晦涩、难以理解,导致社会上很多人一方面享受着数学带来的先进文明,一方面又到处宣扬"数学无用论",这种"端起碗吃饭,放下筷子骂娘"的行为实在让人唏嘘不已。

小知识

虽然人类所处的地球很广大,但人们还是可以通过蛛丝马迹发现它是一个球形,同时测量地球的直径和周长,在网络上就有一个测量方法可以近似计算地球半径。当太阳在海边升起的时候,太阳露出地平线的部分和在海中倒影的部分并不完全对称,研究者通过测量它们之间的差距,利用三角函数进行一系列复杂的运算,最终得到地球的半径为六千七百公里,这与实际值相差并不多。

19

巴尔干半岛几何的最后闪光

圆锥曲线

由于古罗马军队的入侵,古希腊后期战争不断。从亚历山大里亚图书馆第一次被古罗马铁骑焚毁到古希腊灭亡,在最后的几百年里,古希腊科学研究进展缓慢,鲜有成果,而在数学研究上,阿波罗尼奥斯的《圆锥曲线论》则成为古希腊几何学中最后的亮点。

阿波罗尼奥斯出生在今天的土耳其,他为人放荡不羁,就连给国王写信都会直书其名,毫不避讳国王的名字,连尊称都懒得写。不过,阿波罗尼奥斯的学术水平很高,他不仅擅长数学,而且在天文学上的水平在当时也无出其右,于是礼贤下士的国王也就不在乎他的无礼了。

让阿波罗尼奥斯名垂于数学史册的是他的《圆锥曲线论》。所谓圆锥曲线,即是用一个平面去截一个圆锥,在圆锥表面上留下的截线。截的方法不同,得到的曲线也不尽相同,如果平行于圆锥底面截取,得到的是圆;如果与底面不平行,得到的是椭圆;如果平行于圆锥的一条母线,得到的是抛物线;如果与母线不平行,得到的是双曲线的一支。对于圆,欧几里得在《几何原本》中已经有详细的论述和证明,而椭圆、抛物线和双曲线在以往的几何著作中并没有论述。实际上,关于后几种曲线的研究难度远远高于欧几里得的研究,因此《圆锥曲线论》也被数学界认为代表了古希腊几何学的最高水平。

在《圆锥曲线论》中,阿波罗尼奥斯的研究方法和他的前辈欧几里得一样,给出了定义、公理和公设,在这个基础上进行推演,以保证几何论证的正确和严谨,在数学上称为公理化体系证明。令人惊奇的是,阿波罗尼奥斯仅仅通过个人的努力,就把关于圆锥曲线所有只能用公理化体系证明的性质全都完成,以至后人根本没有任何补充和修改的机会。可以说,阿波罗尼奥斯当之无愧地"走完全部的路,让别人无路可走"。

直到1800年后,17世纪的笛卡尔发明了直角坐标系,他把圆锥曲线图形变成在坐标系中的公式,用代数解析法才再次推动圆锥曲线的研究,而我们现在在学校里学习的圆锥曲线都使用笛卡尔的代数解析法,毕竟和阿波罗尼奥斯的公理化体系证明相比,解析法要简单很多。

《圆锥曲线论》问世后就得到了数学界的重视,几乎所有后世的数学家都知道《圆锥曲线论》的重要性,在后来的一千多年里,研习、注解和出版从来没有间断过。阿拉伯人分两次把这个著作译成阿拉伯文,带到了阿拉伯地区;1537 年,《圆锥曲线论》被译成拉丁文在威尼斯出版;甚至不重视科学的东罗马帝国在 9 世纪也出现了学习《圆锥曲线论》的热潮,以至当时东罗马帝国首府君士坦丁堡一时洛阳纸贵、学术成风。

综观古希腊数学发展历史,从最开始零零散散的平面几何定理到欧几里得集大成的《几何原本》,从泰勒斯利用三角形相似到埃拉托色尼测量地球周长,从毕达哥拉斯的万物皆数到丢番图的墓碑,数学完成了类似于物种进化"在树上靠四肢运动"到"在地面直立行走"的过程,从哲学中独立分化出来。

在数学发展史中关键的几百年里,阿波罗尼奥斯和他的《圆锥曲线论》见证了古希腊数学的繁华,也终于赶上了这趟渐行渐远的末班车,成为不朽。

小知识

数学家们一直思考,既然圆锥曲线是从圆锥上得到的曲线,那么它们之间一定有某种关系。在笛卡尔建立直角坐标系以后,数学家们利用解析几何找到了它们的直角坐标系方程,分别是:

椭圆:$\dfrac{x^2}{a^2}+\dfrac{y^2}{b^2}=1$,其中 a、b 都是实数。

双曲线:$\dfrac{x^2}{a^2}-\dfrac{y^2}{b^2}=1$,其中 a、b 都是实数。

抛物线:$x^2=2py$,其中 p 是实数。

他们都可以写成 $Ax^2+Bxy+Cy^2+Dx+Ey+F=0$,其中 A、B、C、D、E、F 都是实数。有了这个式子,任何一个圆锥曲线和圆都可以表示。

20

古希腊数学的灭亡

希帕蒂亚之死

古希腊几乎所有的数学家都是男性,这是由于古希腊女性的地位低下,即使是奴隶主阶层,女性也没有任何财产权和受教育权。

另外,在古希腊重视的逻辑思维推演上,女性要明显弱于男性,所以古希腊时期很少有女数学家。不过在古希腊文明穷途末路之际,一位女性数学家诞生了,她就是希帕蒂亚。

希帕蒂亚出生在一个奴隶主家庭,父亲席昂是著名的数学家,也是亚历山大里亚图书馆最后一位研究员。

由于家里只有这一个孩子,所以父亲尽自己所能为希帕蒂亚提供良好的教育资源。席昂不仅带着希帕蒂亚游历多个城邦学习数学,而且还亲力亲为地给女儿传授知识。在父亲的熏陶下,希帕蒂亚的数学水平突飞猛进,最后连自己的父亲都要望其项背,成为新柏拉图学派的代表人物。

希帕蒂亚不仅精通数学,哲学水平也远远超过同时期的哲学家。

她有着良好的素养且气度不凡,能在行政长官和众多男性面前侃侃而谈,从来不会因为自己是女性而感到羞涩和窘迫。很多人不远千里到希帕蒂亚居住的城邦,就是为了能亲耳聆听她的教诲。在男人心中,希帕蒂亚是高尚、美貌和智慧的化身,从来没有因为她是女性而轻视她,甚至有的人认为希帕蒂亚是智慧女神雅典娜转世。

希帕蒂亚在数学上的最大的贡献是为丢番图的《算术》和阿波罗尼奥斯的《圆锥曲线论》作注,但这两本著作都已经失传了,同时,掌握高超数学水平的希帕

英国画家查尔斯·威廉·米切尔笔下的希帕蒂亚

蒂亚并不只是单纯地在数学中进行推演和计算,而是把它们用在了其他的学科中。

有数据显示,希帕蒂亚经常利用数学计算天文观测数据,为周围居民进行占星,世界上第一个天文观测仪和第一支密度计都是希帕蒂亚发明的。

古罗马人的统治预示着希帕蒂亚的悲剧。亚历山大城被古罗马人占领,希帕蒂亚的很多学生被迫皈依了基督教,但倔强的希帕蒂亚拒绝改变自己的信仰。

希帕蒂亚有着极高的威望,却不信仰基督教,还到处宣扬她的哲学观点,这让罗马教皇很恼火。

希帕蒂亚的死有多种说法。最广泛的一种是,她和当时亚历山大城的总督欧瑞斯提斯是朋友,尽管信仰不同,但彼此都很欣赏对方的才华;而当时的亚历山大城的主教西里尔和总督欧瑞斯提斯有矛盾,于是西里尔在罗马教皇的指示下,雇佣几个暴民暗杀希帕蒂亚。

415 年的一天,希帕蒂亚被一个叫作彼得的人和几个暴民抓到西塞隆教堂。在那里,疯狂的暴徒脱掉希帕蒂亚的衣服,用打磨锋利的蚌壳把她的肉割下来,以残忍的方式结束了她的生命。

希帕蒂亚之死在当时引起了轩然大波,虽然古罗马帝国统治了亚历山大城,但暗杀著名学者也不是能上台面的事情,这不仅有悖人伦,而且与基督教的教义也相违背。面对指责,主教西里尔辩称说,杀害希帕蒂亚的人不是自己指派的,他们也算不上虔诚的基督徒,只是教堂里读圣经的人。

希帕蒂亚死后,古希腊数学彻底断了香火。在古希腊之后,古罗马帝国统治的一千年里,数学和其他科学的研究被神学取代,不仅研究停滞,就连之前的成果也没有得到继承。

这个被当时中国称为"大秦"的古罗马帝国,在数学和其他科学上没有任何发展,也因此成为人类科学史上最黑暗的时期。

小知识

数学史和历史上的古希腊概念不完全相同。历史中的古希腊是指在马其顿占领之前的希腊城邦,而在马其顿征服希腊以后,古希腊数学和其他文明并没有中断,而是继续繁荣地发展,数学史中,这两段时间的数学成就都属于古希腊数学史。直到古罗马帝国战胜马其顿后,希腊数学和文明才中断。不过古罗马的文明无法摆脱古希腊的影响,以神话为例,古罗马几乎全面照搬古希腊的神话,只不过把神祇换了名字而已,比如希腊神话中的宙斯在古罗马神话中变成朱庇特。

欧洲人对古希腊文明有天然的归属感,不管统治者如何更迭,都无法消灭欧洲人在思想、精神上对古希腊文明的继承。

第三章

中世纪和文艺复兴
时期的初等数学

21

保留数学文明的火种

伊斯兰数学

　　说起伊斯兰国家,可能有很多人会想到恪守《古兰经》每天都要祷告的穆斯林,冲突不断的中东地区,或者有着丰富石油资源挥金如土的阿拉伯土豪。很少有人会把他们和数学联系在一起。实际上,伊斯兰国家在数学的发展史上发挥着重要的作用,甚至有着巨大的贡献。

　　在伊斯兰数学发展之前,古希腊是世界上最发达的国家。这时的古希腊和现在的希腊概念不同,它从最初的克里特文明和迈锡尼文明发展而来,是零零散散的城邦制。虽然每个城邦没有形成一个整体,各自为政,冲突不断,但毕竟同宗同族,信仰相同,科技和文化交流还算畅通,面对外族侵略,古希腊人也能团结起来,在两次希波战争中战胜了侵略者波斯人就是鲜明的例子。不过经历了长期的内乱,最后古希腊被北部的马其顿王国征服。马其顿人和古希腊人信仰相同,所以古希腊时期的数学得到了很好的保留和发展,当时的学术研究中心也从雅典搬到了亚历山大城。但好景不长,马其顿王国分裂成三个国家,被古罗马人各个击破,至此古希腊的数学研究彻底停滞。

　　实际上,一开始古罗马帝国也仰慕古希腊先进的文明,他们主动学习古希腊数学和其他知识,甚至连生活习惯都向古希腊人学习,因此古希腊一些"不好"的思想,比如享乐主义,也在古罗马帝国蔓延。这种现象引起了教会和罗马元老院的愤慨,他们认为这是和基督教义完全违背的,于是下令驱逐所有的古希腊学者,古罗马帝国也不允许从事科学研究,至此,古希腊和古罗马之间的数学文明传承彻底中断。

　　欧洲大陆已经没有古希腊学者的容身之所,他们纷纷逃往西亚和中东的伊斯兰地区,在那里有另一个尊崇科学的国家——阿拉伯帝国。尽管信仰不同,但出于对知识的渴望,阿拉伯人还是愿意收留他们。建立于632年的阿拉伯帝国,是世代居住在西亚的阿拉伯人建立的国家,这个国家有着足以和古罗马帝国抗衡的强大的军事力量,也可以给这些学者长久栖身之所。流亡的学者在阿拉伯人的帮助下,在巴格达建立了图书馆、观象台、科学宫和学院，继续他们的研究，而阿拉伯人也积极吸收这些知识。在古希腊学者的帮助下阿拉伯学者对古希腊数学典籍进行研习、翻译和修正，很好地保留了古希腊灿烂的数学文明，形成了中世纪的兼容并包的伊斯兰数学。

在数学史上，尽管伊斯兰世界的数学家并没有太多的创新，但他们的贡献也不可磨灭，堪称伟大。在古罗马人抛弃数学文明的时候，他们选择了全盘接受；当欧洲进入文艺复兴时期，这些保留在伊斯兰世界的数学知识又传回欧洲，同时传回的还有他们在中亚、南亚地区获得的数学知识，比如印度发明的十进制计算方式，给欧洲带来数学的文明。可以想象，如果没有伊斯兰世界保留数学文明的火种，无数数学家在之前上千年的成果都会毁于一旦，这对人类数学和其他科学的进步都是一种沉重的打击。

中世纪伊斯兰学者

小知识

中世纪时期，西亚的阿拉伯人建立了伊斯兰教的封建帝国——阿拉伯帝国，较好地保留了古希腊的数学文明。阿拉伯帝国最兴盛的时候，东到印度和帕米尔高原，西到大西洋沿岸，地跨亚、欧、非三大洲。在唐朝的各种文献中，阿拉伯帝国被称为大食，甚至还有唐军与大食交战的纪录。阿拉伯帝国受到过两次重大打击，一次是在1055年被突厥人攻陷首都巴格达，另外一次则是1258年被西征的蒙古帝国所灭。当然，这时他们保留的数学成果已经从拜占庭帝国带回欧洲。

22

代数学之父

阿尔·花拉子米

在阿拉伯数学发展史上,阿拉伯阿拔斯王朝的著名数学家阿尔·花拉子米不可不提。他不仅是数学家,还精通天文学和地理学,由于他在代数和算数上有着巨大的贡献,所以又被后人誉为"代数学之父"。

阿尔·花拉子米原名叫穆罕默德·本·穆萨·阿尔·花拉子米。其中阿尔·花拉子米并不是他本人的名字,而是"来自花拉子米"的意思,为了简便他才被称为阿尔·花拉子米。阿尔·花拉子米出生在现在的乌兹别克斯坦境内的花剌子模帝国,这个由波斯人和突厥人组成的帝国被阿拉伯人占领了以后,都皈依了伊斯兰教,成为伊斯兰世界的一部分。

苏联在 1983 年 9 月 6 日发行的纪念邮票,以纪念花拉子米一千两百岁生辰

为了更好地学习,阿尔·花拉子米离开了自己的国家,游历到伊斯兰世界的数学中心巴格达。在阿拔斯王朝的天文台工作期间,阿尔·花拉子米阅读了大量来自古希腊的数学著作,学习到几乎全部的几何知识。但他发现自己的兴趣并不在此,于是放下证明几何图形的草稿,投入到代数和算术的研究中。

在古希腊数学发展中,几何学一直占有重要的地位,而对算术、代数和数论的研究有一定成果的只有古希腊末期的丢番图。因此,阿尔·花拉子米并没有参考古希腊的代数著作,而是把眼界放到了更广阔的世界中去。正巧在这时印度人使用的十进制被带到了阿拉伯,阿尔·花拉子米便在著作《算术》中首次论述和使用了十进制的整数和小数的计算方法,详细地阐述了加、减、乘、除、开平方等计算方法,与之前的计算方法相比,阿尔·花拉子米的计算方式有规律可循且简便,为数学运算奠定了基础,被后世称为"运算法则"。

不仅如此,他还在《还原与对消》一书中,对含有未知数的等式进行研究,首次提出了未知数、已知数、移项、同类项、方程、根等概念和计算方法。在阿尔·花拉子米以前,算术和代数仅仅是几何的附庸,只有最终求几何图形边长或者面积的时候才用得到,而阿尔·花拉子米把它们从几何学中分化出来,最终发展成一门独立的数学门类,而代数和算术两个词也是在他的著作中发明的。因此,阿尔·花拉子米是当之无愧的"代数学之父"!

除了数学上的贡献,阿尔·花拉子米的本职工作天文观测和历法的制定也做得非常出色。他学习了古代印度、波斯和古希腊的天文算法,并且根据自己的观察,制定了阿拉伯最早的天文历法,又被称为《阿尔·花拉子米历法表》,不仅阿拉伯帝国,伊斯兰世界的每一个国家都采用这种历法,直到几百年之后,欧洲天文学家才将这个历法表作为基础,制定出自己的历法。

在地理学上,阿尔·花拉子米绘制了阿拉伯世界的第一份地图,并且记载了上百个地名的经纬度,甚至还绘制了地形,划分了气候区。由于阿尔·花拉子米的学术水平之高,研究范围之广,及其开创性的贡献在世界科学的发展史上都很少见,在伊斯兰世界里更是无人能敌,所以他也被西方科学史专家称为伊斯兰世界最伟大的穆斯林科学家。

小知识

　　花剌子模国历史悠久,从公元前 600 年被波斯帝国占领成为一个省,到 1231 年被蒙古帝国所灭,前后经历了近两千年。由于侵略接二连三,花剌子模的工匠们逐渐摸索出建筑碉堡的方法。中亚地区缺少木材,他们便用天然的石头做楔,把一块块石头牢牢地固定在一起,此外,他们会烧陶片作为下水管道。他们的建筑非常坚固,以至于一千年后的今天,在乌兹别克斯坦还能看到很多他们留下的碉堡。

23

黑暗时代的数学曙光

斐波那契的兔子和代数

在古罗马帝国统治下的欧洲使用罗马数字进行计算,但意大利数学家斐波那契觉得这种数字计算起来太困难了,他听说阿拉伯人从印度那里学会了更好的记数方式,便决定去阿拉伯帝国学习。

斐波那契原名列奥纳多,因为他的父亲威廉的外号是斐波那契,所以他就被称为小斐波那契。这个绰号比原名更知名的大数学家,1175 年出生在一个商人家庭,父亲威廉长年在北非地区经商,与阿拉伯地区接触很多。在当时,古罗马的教育水平要远远落后于阿拉伯帝国,父亲希望他能受到良好的教育,于是带着他四处游学,到斐波那契二十五岁的时候,他终于学成归国,开始传授数学知识,同时开始撰写《计算之书》。

在《计算之书》中有这样的一个问题传世已久:一般而言,兔子在出生两个月后,就有繁殖能力,一对兔子每个月能生出一对小兔子。如果不考虑死亡,那么一年以后可以繁衍多少对兔子?

这个问题很简单。我们发现在第一和第二个月只有一对兔子,在第三个月兔子有了繁殖能力,生出了一对小兔子,所以一共有两对兔子,第三个月,小兔子没有繁殖能力,而老兔子又生下一对,这样一共有了三对兔子。按照这个方法计算下去,就能得到每个月的兔子数量,如果把每个月的兔子对数排成一列,就会得到:

1、1、2、3、5、8、13、21……

如果考虑连续三个数,我们会发现,前两个数之和正好等于第三个,这就是著名的斐波那契数列。

令人惊讶的是,斐波那契数列在自然界中无处不在。斐波那契数列越向后,相邻两个数之比就越接近黄金分割。生物学上著名的路德维格定律就是用斐波那契数列描述的:树木生长新的枝条后,要休息一段时间,等到自身长成后,才能在自身上萌发新的枝条,而同时老枝仍然萌发,如果我们从下向上观察一棵树,会发现树的分叉数量就契合斐波那契数列。很多植物的花瓣数量也暗含着斐波那契数列,比如百合花的花瓣数目是三，梅花花瓣数目为五，万寿菊有十三瓣花瓣等等，直到上个世纪90年代生物数学的兴起后，数学家们用数学工具证明、用计算机模拟生物的生长发育过程时发现，植物契合斐波那契数列并不是偶然的，为了节省自身能量的损耗，植物会以斐波那契数列长出花瓣。

虽然在数学史上斐波那契并不算有非凡贡献的数学家，但此时古罗马帝国的数学研究已经中断了近千年，整个帝国几千万人再也找不到比斐波那契更懂数学的人了。时任神圣罗马帝国皇帝的腓特烈二世非常喜欢数学，他经常邀请斐波那契到皇宫做客，向自己教授数学知识。

和古希腊末期的数学家相比，斐波那契是幸运的。他的父亲给他提供了一个良好的学习环境，能学习到阿拉伯数学家保留的先进数学知识；他遇到了一个喜爱数学的君主，不仅没有掣肘，而且还得到了很多支持；他出生在数学百废待兴的欧洲，有了开创历史的基础条件。

斐波那契在有生之年绝对想不到，欧洲黑暗时期即将过去，自己身后的数学家们将再次迎来文明的曙光，而数学也进入高速发展时期，发生了翻天覆地的变化。

小知识

如果把斐波那契数列作为边长，可以画出很多正方形，把这些正方形一个一个地拼起来，并且用圆弧连接其中的两个顶点，就能形成斐波那契螺旋线。斐波那契螺旋线也称为"黄金螺旋线"，在自然界中广泛存在，比如海螺剖面、葵花子的排布都符合这个结构。自然界中出现的斐波那契螺旋线并不是巧合，这个规律已经得到数学家的证明。同时，很多绘画和摄影作品也有意识地采用了这种结构，比如名画《蒙娜丽莎》就和斐波那契螺旋线非常契合。

24

建筑师也是数学家
投影几何的诞生

在斐波那契之后的一百多年里,人文主义精神的萌芽在意大利的亚平宁半岛上陆续出现,基督教会对思想的控制使欧洲大陆的人们越来越不满,他们在艺术和科学上力图挣脱宗教的桎梏,最终形成了一场席卷整个欧洲大陆的思想文化运动——文艺复兴。

在文艺复兴时期,艺术和科学都发生了翻天覆地的变化,沉睡了近一千年的数学被唤醒,开始了新的发展时期。

文艺复兴时期的数学发展开始于艺术家。当艺术家们把创作从以神为中心转移到以人为中心,歌颂世俗生活的时候,就不免要更多地对大自然进行创作。我们都知道,人类和大自然存在的空间有长、宽和高的属性,也就是我们说的三维,而艺术家如何在纸面上展现空间感就是一个难题。

布鲁内列斯基雕像

文艺复兴前期,佛罗伦萨有一个著名的建筑师叫布鲁内列斯基,现在世界上第四大教堂佛罗伦萨大教堂的穹顶就是在他的设计和指导下完成的,而在数学上他的贡献也很大。布鲁内列斯基发现通往远方的视平线最后在无穷远处能集聚成一个点,而这个点正好在目光高度的这条线上;物体在这条线上方,透视线要向下倾斜,反之要向上倾斜等规律。这就是现在学习任意一种绘画都要学习的基础知识——透视法。

透视法的出现让艺术家和建筑师们可以在纸面上更好地描述空间的物体和建筑,从此文艺复兴时期的绘画艺术开始繁荣发展起来。

这时,另外一位建筑师阿尔贝蒂试着从几何角度来理解透视法:如果在景物和眼睛之间放置一块板,假设光线从眼睛射到景物上,那么这些光线在板上形成的形状是什么,板放置位置和角度不同,形状有怎样的变化,这就是新的数学门类——投影几何的来源。不过这些问题对一个建筑师来说实在太难了,所以阿尔贝蒂并没有得到什么有用的结论。

对投影几何有突出贡献的两位数学家是法国数学家德沙格和他的继承者帕斯卡。由于投影几何内容偏少,所以知识体系并不庞大,其中最引人注意的成果就是德沙格定理了:如果两个三角形对应顶点连线共点,则它们对应边交点共线,反之也成立。

数学家兼物理学家帕斯卡在年少的时候就开始对投影几何理论进行研究,十七岁的时候就写成了《圆锥曲线论》,研究圆锥曲线完善了德沙格的理论,他根据帕斯卡定理"如果一个六边形内接于一个圆锥曲线,则六边形三对对边交点共线,反之也成立"演绎出四百多个有关的结论。

实际上,从文艺复兴时期到现在投影几何都不是研究的主流方向,作为欧氏几何中一个比较特殊的分类,投影几何越来越被其他更高层次的几何和研究方法代替,甚至很多大学的数学系已经不开设这门课程了。但在文艺复兴前期,投影几何的出现鼓舞了很多有志于从事数学研究的人。有了投影几何这颗数学的种子,在文艺复兴的春雨之下,欧洲大陆的数学研究如雨后春笋一样萌发嫩芽,代数学、解析几何和微积分茁壮成长,成为现代数学的三大基础。

小知识

在投影几何中有一个著名的德沙格定理:如果平面上两个三角形（△ABC 和△A′B′C′）对应点（A 与 A′,B 与 B′,C 与 C′,分别对应）的连线相交于一点 S,则对应边（AB 与 A′B′,BC 对 B′C′,AC 对 A′C′对应）的交点 H、I 和 J 在同一直线上。

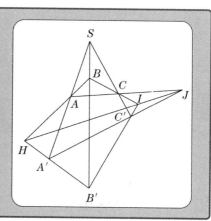

25

意大利的数学竞赛

三次方程的解法

　　文艺复兴早期,意大利亚平宁半岛上有很多热爱数学的人,他们经常举行一些数学竞赛来比较彼此的数学水平。这些私人的数学竞赛大大激发了人们研究数学的热情,提高了数学水平,更重要的是由此产生了很多数学新发现,其中最知名的便是塔尔塔利亚和弗里奥之间的三次方程求解竞赛。

　　塔尔塔利亚出生在意大利北部的布雷西亚,这个地区和法国毗邻,在那时经常受到法国的入侵。

　　在塔尔塔利亚小的时候,布雷西亚被法国军队攻破,惊恐的人群四处逃散,但仍然免不了遭到屠杀。可怜的塔尔塔利亚目睹自己的父亲被法国军人杀死,而自己的头部及舌头也受了伤。

塔尔塔利亚

　　在母亲的精心照料下,塔尔塔利亚奇迹般地恢复了健康,但也因此留下了结巴的后遗症,从此所有的人都用"塔尔塔利亚"——结巴来称呼他。

　　尽管塔尔塔利亚只上过两个星期的学,但他凭借自学和顽强的毅力掌握了当时大部分数学知识。

　　1535 年,塔尔塔利亚宣称自己找到了三次方程的解法,在当时引起了轩然大波。历史资料证明,人类在几千年前就已经找到了二次方程的解的公式和计算方法,但却一直没有攻克三次方程的求根公式。

　　塔尔塔利亚的成就让数学家弗里奥非常不满,很早以前弗里奥的老师费尔洛有某些三次方程的解法,在费尔洛临终前把这些"镇家之宝"都传授给了自己的爱徒,所以弗里奥坚称老师的方法才是最有效的。于是,弗里奥向塔尔塔利亚宣战——1535 年 2 月 22 日,两人互相为对方出三十道三次方程的问题,看谁解得最多、最快、最准。

比赛那天,很多数学家都来观战,塔尔塔利亚用不到两个小时的时间,完全正确地解出了弗里奥提出的三十个方程,以三十比六战胜了对方,从此以后名声大震,成为很多数学家的座上客。

人们劝说塔尔塔利亚把这个公式发表出来,让更多人学习到这种方法,但塔尔塔利亚总说不到时候,一方面因为他的方法不能解决所有的三次方程,他要进行进一步的研究;另一方面因为他准备写一本可以媲美欧几里得的《几何原本》的书,而这个公式就是其中最重要的内容之一。

在塔尔塔利亚和弗里奥竞赛的时候,医生卡当也在现场,塔尔塔利亚能快速地解决三次方程让卡当非常羡慕,他找到塔尔塔利亚希望能拜他为师。虽然塔尔塔利亚并不想收什么徒弟,但卡当骗塔尔塔利亚说自己和他一样,小时候生病、受伤、读不起书,这让塔尔塔利亚仿佛看到了自己年少时学习的艰难,同时卡当还承诺会帮助塔尔塔利亚把口吃治好,于是塔尔塔利亚就收了卡当为徒,把三次方程的解法传授给他,并请他答应不会把方法泄漏。

卡当得到这些公式后欣喜若狂,他忘记了自己的诺言,在 1545 年,卡当在自己的《大术》一书中记录了三次方程的求解公式,从此这个秘而不宣的方法终于公布于众。

尽管在《大术》一书中,卡当承认这个方法是塔尔塔利亚教他的,但人们仍然认为卡当是方法的发现者,于是把三次方程求解公式命名为"卡当公式"。

卡当的背信弃义让塔尔塔利亚很生气,他经常发表文章斥责卡当的卑劣行径,最后竟然被恼羞成怒的卡当雇佣杀手杀死。

虽然塔尔塔利亚的三次方程被卡当窃取,但现在几乎所有数学家都知道这个公式是塔尔塔利亚发现的,这也算是对他的一个安慰。

另外,塔尔塔利亚也是一位出色的军事科学家,他利用数学工具和物理知识对炮弹运行轨迹进行研究,成为弹道学的开山鼻祖,从此欧洲开始了坚船利炮的时代。

26

无法调和的科学和神学

帕斯卡的悲剧

作为物理学家,布莱士·帕斯卡被人们熟知是因为压力的单位用他的名字命名,实际上,他也是一位著名的数学家。

在投影几何上,帕斯卡沿着德沙格的轨迹做出了很大的贡献,但他的一生挣扎在神学和科学之间,最后忧郁地死去。

文艺复兴时期,很多数学家和物理学家都有类似的困扰,而帕斯卡的悲剧也成为他们人生的缩影。

帕斯卡

帕斯卡的父亲坚信学数学对身体有很大的伤害,在帕斯卡小的时候,他禁止小帕斯卡与数学有任何接触。

但帕斯卡十二岁的时候独立证明了三角和等于180°的定理,这让他的父亲大为惊讶和感动,于是亲自教授他数学知识。帕斯卡很小的时候,就能独立证明出《几何原本》内的前三十二个定理,而且顺序和书中的完全相同。在帕斯卡短短三十九年的生命里,他在投影几何、二项式上有很大的成就,在和数学家费马的通信中,又奠定了概率论的基础。

帕斯卡一生都是虔诚的天主教徒,但他的一生也在苦恼中度过。在研究中帕斯卡发现,自己得到很多科学的结论与神学有很大的矛盾,一方面是自己的信仰,另外一方面是无可辩驳的事实,他都不知道自己要相信哪一个,同时又为自己探究科学的行为感到深深自责——这相当于怀疑上帝,怀疑自己的信仰,最终,他还是选择放弃自己的研究,专心钻研神学。

导致帕斯卡放弃研究的催化剂是天主教会对伽利略的迫害。

伽利略在宗教裁判所受审

大约在帕斯卡身前一百多年,天文学家哥白尼创立了"日心说",反对天主教会宣扬的"地心说",再后来的几十年里很多科学家都支持哥白尼的学说选择公开与教会对抗,而被教会迫害,其中最有名的就是布鲁诺被绑在铜柱上烧死,而伽利略也因为支持"日心说"而被教会软禁。

相传,帕斯卡害怕被教会惩罚,死后要下地狱,就自己订做了一条带有尖刺的皮带,把尖刺向里带着。一旦自己不由自主地产生了有悖于天主教会的想法,就狠狠地用拳头打击腰带,让尖刺刺进腰部,用痛楚来赎罪。肉体上的疼痛并不严重,但精神上的打击却是致命的,终于,帕斯卡在精神分裂中去世。

随着科技的发展,宗教对待科学和世俗的态度也发生了翻天覆地的变化。

1992年10月31日,梵蒂冈教皇约翰·保罗二世为伽利略受到不公正的待遇平反,也告诫教廷圣职部的人员和二十多位红衣主教"永远不要发生类似伽利略的事件"和"永远不要干预科学的发展"。

自古以来,宗教和科学的之间的矛盾不可调和,无数科学家在教会的阴影下为追求真理付出了自己的生命,而教会也因为干预科学影响了自身的发展,更做出了自己打自己脸的事情。伽利略的平反是教会与科学之间达成的一种平衡和妥协,这是宗教的进步，也是整个科学界的进步。

生不逢时的帕斯卡如果泉下有知，也一定和哥白尼、布鲁诺、牛顿等纠结于神学和科学的大家一样欣慰。

小知识

比起数学上的贡献，帕斯卡在物理上的贡献更令人瞩目。帕斯卡是世界上第一个发现了大气压力随着高度变化而变化，并且对托里拆利实验进行了验证，证明了自己的猜想：既然大气压力是空气重量产生的，那么，越高的地方大气压力应该越低，玻璃管中的液柱就应该越短。帕斯卡对空气和液体等流体进行了详尽的研究，发现了流体的帕斯卡定律，也根据这个定律发明了水压机。

为了纪念这位数学家和物理学家，压强的单位用"帕斯卡"命名简称"帕"，一帕斯卡等于一牛顿的力作用在一平方米产生的压力强度，在地球表面的压力强度约为 101 千帕，即一个标准大气压。

27

密码专家和他的未知数

符号系统的产生

在代数学中,方程中的未知数用字母表示;形如 $1+1,2+1,3+1$ 的等式,可以用 $a+1$ 表示,其中 a 可以代表 1、2 和 3。汉语中的"代数"一词,直译就是用字母代替数字的意思。在数学中,用字母代替数字进行一系列的计算,被称为符号系统。而用符号系统看起来似乎很简单,但却不是那么容易发明出来的。在这里,法国数学家韦达有着巨大的贡献,他为代数学理论研究带来翻天覆地的变化。

在韦达生活的年代,法国和西班牙之间有一场战争,当时的西班牙军队战斗力很强,让法国军队难以招架,不过法国也偶尔能截获西班牙军队的密码。看着这些用奇怪符号表示的信息,法国国王很着急,他迫切想知道这些密码表示的含义,以求在战斗中获取主动。国王听说议会里有位叫作韦达的议员懂数学,就把他召入宫中寻求解决之道。实际上,韦达并不是专业的数学家,他的主业是律师和议会议员,只是在业余时间以研究数学为乐。不过韦达并没有让国王失望,他利用数学知识破解了西班牙军队的密码,从此声名鹊起,成为专业的数学家和密码学家。

法国数学家韦达

在破译密码的时候韦达陷入了深深的思索,如果可以用符号来表示数字,那么字母当然也可以表示,而且用字母表示数字有很多好处,把字母换成不同的数字,就能得到不同的式子。在韦达之前,算术和代数没有区别,但在韦达的《分析法入门》一书中,韦达发明一套符号来表示数学上的数字,从此算术代表具体数字的运算,代数的应用得更广泛,用字母代替数字来描述一般的计算方法,两者终于分清了界限。"工欲善其事,必先利其器"。研究代数的数学家有了韦达的工具,终于不再纠结繁文缛节的具体计算,只需要关注整体规律即可。而韦达也被称为"文艺复兴时期的代数学之父"。

1615 年,韦达在《论方程的识别与订正》中提到了一元二次方程和一元三次方程的根与系数关系,即韦达定理。迄今为止,韦达定理是任何一个学习初等数学的人必须学习的定理,它的基础作用不言而喻。但有趣的是,没有任何数据能显示韦达严格证明了这个定理,也就是说韦达定理很可能只是韦达一个猜想。

实际上,不管韦达定理如何证明,也无法避免代数学基本定理:任何复系数一元 n 次多项式方程在复数域中至少有一个根,由此推出,n 次复系数多项式方程在复数域上有且只有 n 个根(重根按重数计算)。简单地说,如果认为 -1 可以开平方,则 n 次方程一定有 n 个根。而这个定理直到 1799 年,著名数学家高斯才在他的博士毕业论文中首次证明出来,至此韦达定理才被证明出来。

在文艺复兴时期的欧洲,很多数学家研究多个学科,有的数学家同时也是物理学家,类似于韦达的业余数学家也能取得辉煌的成就,而现代数学家的研究方向就很狭窄,有的人因此厚古薄今,认为现代还不如几百年前。实际上,由于数学研究的深入,数学分支和深入程度远非几百年前可比。在今天,想要掌握基本的数学研究工具和方法,正常情况下学习就要十多年时间,可以设想,即使欧拉、高斯活到今天,也无法取得与当年相提并论的成就了。

小知识

　　在韦达生活的年代,密码学为基于字符的密码。基于字符的密码大致分为两类,一种是替换密码,另一种是置换密码。替换密码的明文中每一个字符对应着密文中的一个字符,信息发送者和接受者都熟记同一个密码本,信息发送者把资讯翻译成密文传送给接受者,接受者再翻译成明文。置换密码系统只是把明文中字符打乱了顺序,而密码本中记录的则是打乱的顺序。

　　不论哪种密码,密码创建者需要建立一个打乱顺序的方法,这个方法可以用多项式或者变换群描述,在密码学中称为密钥。而破解密码,就是破解密钥,因此密码学的很多研究都是建立在代数学上的。

28

虚无缥缈的数字

虚数与复数域

如果我们考虑 $x^2 = 4$，所有人都会给出答案：$x_1 = +2$ 或 $x_2 = -2$；如果考虑 $x^2 = 0$，也会得到两个相等的根：$x_1 = x_2 = 0$，这些结果符合代数学基本定理：二次方程有两个根。但如果我们让 $x^2 = -1$，方程的根是什么呢？很多人都会说这个方程没有解，但如果我们非要根据代数学基本定理做出它的解，就会得到这样两个根：$x_1 = \sqrt{-1}$ 或 $x_2 = -\sqrt{-1}$。

是否真正存在呢？关于这个问题，数学家纠结了几百年。1545 年，卡当利用从塔尔塔利亚那里骗取的三次方程求根公式写成《大术》一书，在书中讨论了这样一个问题，两个数相加为 10，相乘等于 40，则这两个数分别是多少？尽管卡当发现利用求根公式，这两个数"不存在"，但还是把它写入书中，谨慎地认为这两个数没有意义，是虚无缥缈的。

紧接着，很多数学家都发现了这样的"不存在"的数，但每个人都不愿意承认，尽量避免对虚数的讨论。直到 1637 年，法国数学家笛卡尔在《几何学》一书中才正视这些"虚无缥缈"的数，把它们和常规的"实际存在"的数对立起来，并且为它们命名为"虚数"。

当时很多数学家都不承认虚数，德国数学家莱布尼茨说过："虚数是神灵遁迹的精微而奇异的隐蔽所，它大概是存在和虚妄两个世界里的两栖物。"但笛卡尔还是给予数学家们信心去正视这种数字。1747 年，法国数学家达朗贝尔在著作中写道，虚数和虚数之间也可以做类似于实数中的四则运算，所以虚数可以写成"实数加上一个实数倍的虚数"，但虚数之间是无法比较大小。

虚数的诞生是瑞士数学家欧拉做出的。他在《微分公式》中第一次用 i 表示，并且认为虚数不是想象出来的，而是实际存在的。在当时，欧拉是欧洲最权威的数学家，他是第一个承认虚数的存在，这也让数学家们都松了口气，大家也都纷纷针对虚数进行研究。就像实数包括有理数和无理数一样，数学家们发明了"复数"一词，来涵盖实数和虚数。如果做出一个数轴，每个实数都可以在数轴上表示出来，但虚数如何表示呢？挪威数学家卡斯珀尔·维塞尔在 1779 年在平面上尝试用点表示虚数，但当时没有人重视在斯堪的纳维亚半岛一个不知名数学家的意见。直到数学家高斯重新提出，大家才接受这种观点，这个平面被称为复平面。

长久以来，数学家认为复数没有什么用途，只是形式上存在而已，但随着科学的发展，复数的用途越来越多，数学中有专门研究复数和其对应关系的复分析，而复分析也广泛应用于力学、电子等领域，成为这些专业工程师必修的一门课。

任何一个崭新概念的引入都要面对旧势力的阻碍，人类任何科学的进步都要经历这样的过程。好在复数诞生的时候，数学家们没有做出太极端的举动，而把这个迟来的数字扼杀在摇篮里。和古希腊相比，这个时代的思想更加开放，也能容纳更多的不同想法，生活在这个时代的数学家，比因发现无理数而被装进猪笼沉入海底的希帕索斯幸运太多了。

小知识

　　几千年来，人们只接触到实数，随着虚数的发现，数学家们把实数和虚数用一个更广阔的范围涵盖起来——复数，从此虚数得到了正名。

　　复数的一般形式为 $a+bi$，a 和 b 都是实数，当 $a=0,b\neq0$ 时，就成为虚数；当 $b=0$ 时，则为实数。

　　如果在复数范围内解一元二次方程，在考虑重根的前提下，就一定能得到两个解，例如：$x^2+x+2=0$，根据求根公式可得：

$$x_{1,2}=\frac{-b\pm\sqrt{b^2-4ac}}{2a}=\frac{-1\pm\sqrt{1^2 1-4\times1\times2}}{2\times1}$$

$$=\frac{-1\pm\sqrt{-7}}{2}=-\frac{1}{2}\pm\frac{\sqrt{7}}{2}i$$

29

笛卡尔家的蜘蛛

直角坐标系的诞生

尽管很多几何图形需要计算面积,而很多方程可以有几何意义。但一直以来,几何学和代数学是互不相关的两门数学,没有数学家会认为几何证明和代数式的计算有什么关系,直到直角坐标系的发明。

笛卡尔是著名的哲学家、物理学家和数学家。在哲学上,笛卡尔是二元唯心主义的代表,有着众所周知的名言"我思故我在",被黑格尔称为"现代哲学之父"。

笛卡尔的哲学对欧洲大陆的影响直至今天,为近代资本主义哲学奠定了基础;而在数学上,笛卡尔的直角坐标系可以媲美他哲学上的巨大成就,而直角坐标系和仿射坐标系因此被称为笛卡尔坐标系,或者笛卡尔标架。

笛卡尔

在笛卡尔一岁的时候,他的母亲因为肺结核去世,而他也受到了传染。虽然笛卡尔勉强保住了性命,但一生体弱多病,每天需要在床上躺十八个小时,因此,学校允许他不用在课堂里学习。最初,笛卡尔按照父亲的愿望学习神学,但他很反感神学中自相矛盾的说法,便把更多的精力放到了数学和物理学中。多才多艺的笛卡尔先后获得过法律和医学的学位,但最终还是没有确定自己的职业。

直到1618年,他在荷兰当兵的时候,发现街边一块告示板有一道数学问题征答,这彻底激发他对研究数学的热情,从此他移居荷兰,摆脱教会的控制,专心研究哲学、数学和物理学。

笛卡尔全部的成果几乎都是在荷兰做出的,而他的名声却传遍了整个欧洲。

相传有一天,笛卡尔躺在床上休息,突然发现天花板的角落里悬挂着一只蜘蛛。这只蜘蛛引起了笛卡尔很大的兴趣,他想:能不能用一组数来描绘蜘蛛的在空间中的位置呢?

克里斯蒂娜(左)和笛卡尔(右)

这时笛卡尔发现,如果把墙和天花板相交的线作为基准,把蜘蛛的位置投影在这三条线上,就会得到一组数字,这组数字就表示了蜘蛛的位置。

笛卡尔把这三条线命名为空间直角坐标系,并把结果公布于世。

从此,任何几何图形都可以在坐标系中画出来,也能用式子表示出来。

其他数学家沿着笛卡尔的轨迹走下去,陆续发现了几何中的证明可以用计算代替,简化了繁琐的证明,形成了一门有别于欧几里得几何公理化体系证明的新的学科——解析几何。

为了摆脱教会的控制,1649年笛卡尔应瑞典女王克里斯蒂娜的邀请,奔赴斯德哥尔摩担任女王的私人教师,而克里斯蒂娜甚至为了向笛卡尔学习,改变了自己瑞典国教——新教的信仰,改信天主教而放弃了王位。不过由于瑞典地处北欧,天气寒冷,第二年笛卡尔就患肺炎病逝了。

直到今天,人们还在享用笛卡尔留给整个世界的数学和哲学遗产,对他的研究也从来没有停止过。除了直角坐标系外,笛卡尔在数学史上有更突出的贡献:数学是从哲学中分化出的,在数学不完善的年代,笛卡尔用哲学思想从更高的角度引领着对数学的思考和研究,在思想上解放了牛顿和莱布尼茨等众多数学家,为微积分的发明奠定了基础。

现代的数学家们也因此清楚地认识到哲学对数学和其他学科的指导作用,甚至美国的自然科学的博士学位都用 Ph. D 来表示,也就是 Doctor of Philosopy(哲学博士),只是在学科上加以注明。

第四章

分析学的发展期

不断发展的数学概念

函数和映像

在数学中,函数是一个基础而深刻的概念。从逻辑上讲,内涵越小则外延越大,也就是说,如果一个概念定义得越简单,它能包括的事物就越多。

17世纪伽利略和笛卡尔在研究数学的时候发现,类似于 $y=x+1$ 这样的式子,如果 x 变化了,y 也随之发生变化,x 和 y 这种变化的量叫作变量。

但当时笛卡尔认为,只要能用式子表示图形就可以了,这种依赖关系并不重要,直到17世纪末,牛顿和莱布尼茨发明了微积分,他们仍然沿用笛卡尔的观点,只把这种关系看成是图形。

直到1817年,瑞士数学家约翰·伯努利对函数概念第一次做出了定义:由任何一个变量和常量的任意形式所构成的量。伯努利的意思是,一个变量和其他的数做各种运算最后会变成一个式子,这个式子就是函数。在现行的课本里,为了方便学生们理解,函数采用了伯努利的定义,但这种定义是不完善的,因为很多函数是无法用式子表示的。

欧拉

30年后,欧拉在他的《无穷分析引论》中写道:一个变量的函数是由该变量和一些数或者常量以任何一种方式构成的解析表达式。

和伯努利相比,欧拉的这种描述更抽象,包括的函数更多,欧拉承认很多函数只能描绘与变量之间的关系,但却不能用公式表示。

虽然大数学家欧拉已经发话说函数不一定能用式子表示,但问题最终没有得到解决,函数是什么还没有盖棺定论,很多数学家仍然可以对此进行无休止的争论。

在19世纪20年代,数学家柯西仍然认为函数一定要有类似于 $y=2x+1$ 这样确切的关系式,也就是解析式。不过他猜测,一个确定的函数不一定只有一个解析式。没想到第二年法国数学家傅里叶就发现了某些函数可以用多个关系式表示,从而结束了对函数解析式的争论。

旧的问题结束了,但新的问题随之产生:如果函数一定要用解析式定义,那么函数和解析式就是等同的,函数就是解析式,解析式就是函数,可是有的函数有不同的解析式,这又说明函数和解析式不是同一个概念。

直到 1837 年,狄利克雷做出了函数最经典的定义:对于在某个区间(范围)上的每一个确定的 x 值,y 都有一个确定的值与它对应,那么 y 叫作 x 的函数。这个定义避免了函数在解析式上的困扰,成为数学家们都认可的定义。

事情远远没有结束。在后来的近一百年里,数学发生了翻天覆地的变化,函数的变量也从实数变为不能比较大小的复数,甚至一些千奇百怪的东西都可以变成自变量。于是很多数学家提出,既然变量都不是数字了,那么应该找到一个比函数更广泛的概念来描绘这种对应关系,于是"映像"的概念就被发明出来。

上个世纪 30 年代,数学最基础的概念——集合论的日臻完善,新的现代函数定义也随之诞生:若对于集合 M 的任意元素,总有集合 N 确定的元素 y 与之对应,则称在集合 M 上定义了一个函数,记为 $y=f(x)$。元素 x 称为自变量,元素 y 称为因变量。由于这种函数的定义已经深入到数学的基础——集合论,几百年关于函数定义的争论就此画上了休止符。

数学的研究方向很多,每个方向的难度也不尽相同,类似于对函数进行定义这样的问题可以算是数学上最艰难的。函数的定义需要十几代数学家的研究,更需要几百年数学的发展作为基础,当我们现在在高中和大学课本里很轻松地就得到函数概念,还有千年累积的很多数学定理的时候,应该由衷地为自己生活在这个年代感到庆幸,也为数学家们的努力而感动。

31

对信号和波的研究

傅里叶分析的由来

　　微积分诞生之前,很多数学家就已经发现了函数可以进行多项式展开,也就是把函数转化成多项式级数;在微积分学诞生之后,很多分析学应运而生,数学家们纷纷利用这个功能强大的工具对函数进行求导和积分,也能更容易地把函数展开成级数。

　　那么,函数能不能转化成性质更好的级数呢?

　　通过计算数学家们发现,如果能把函数展开成由三角函数构成的级数,就可以很容易地对它进行分析,因为求导计算实在太简单了。

　　这种把函数用三角函数展开并表示的级数叫作傅里叶级数,这种变换方式叫作傅里叶变换,而对它的分析也理所应当称为傅里叶分析,又称为调和分析。

　　1768年,傅里叶出生在法国中部的一个裁缝家庭,他很小就成为孤儿,却幸运地被当地教会收养,并就读于地方军校。在军校,傅里叶展现出超人的数学才华,并在二十多岁的时候进入巴黎综合工科大学任教。

　　三年之后,傅里叶随拿破仑的军队远征埃及,并获得了拿破仑的赏识,回国后担任地方行政长官。

　　在19世纪初期,很多数学家都致力于研究物理的问题,他们相信数学和分析学的工具可以计算很多原来无法解释的物理问题,傅里叶也不例外,他通过利用函数的三角函数展开式,对热传导问题进行分析,取得了丰硕的成果。

　　1807年,法国巴黎科学院的三位数学大家——"3L",即拉普拉斯、拉格朗日和勒让德收到了傅里叶整理好的论文《热的传播》,却一

傅里叶

致认为这篇论文没有价值。

不过好在傅里叶是个省长级的官员,直接驳回太不给他面子,只能建议他对论文进行修改,于是这篇傅里叶级数和傅里叶分析的开山之作才没有被埋没,在没有被公开发表的情况下,获得了科学院大奖。

任何新的理论都需要时间来证实。十年之后,傅里叶的论文又被数学家们提及,他们发现,之前欧拉和伯努利关于三角函数的工作,很多只是傅里叶分析的特殊形式而已,也就是说,傅里叶的成果比欧拉和伯努利更本质,适用范围更广阔。深受鼓舞的傅里叶把自己毕生的成果写成一部专著——《热的解析理论》,并于1822年发表。

小知识

　　随着物理学的进展,傅里叶分析变得越来越重要。物理学家发现,自然界中很多现象都与波有关,从钟摆随着时间变化不断变换位置到信号传播,很多物质都按照波进行运动甚至就是波,而相当一部分波在图像上就是三角函数,放大、缩小、过滤这些波信号,增加信号的纠错能力,都要用到傅里叶分析的工具。傅里叶分析已然成为每一个研究物理的学者必须掌握的基本技能。

高等数学的起点
微积分的诞生

有人说高等数学与初等数学的分界是微积分,这种说法有一定的道理。在微积分之前,数学研究的问题都是离散的,不管是一个个数字还是图形,都是单独存在的数学对象,但在自然界中很多现象和过程不是一个个独立存在的,比如一条弯曲连续的曲线有多长,一个人有时快有时慢地从一个地方走到另外一个地方等等,都不能用离散的对象研究,而微积分的出现解决了这些问题,因此微积分也成了高等数学的起点。

牛顿

在 17 世纪,数学的发展已经不能满足科学的需要。一些看起来很简单的问题困扰着科学家,比如物体前进时某个时刻速度是多少,平面直角坐标系中两条曲线围成的面积是多少等等。面对这种情况,数学家责无旁贷,他们需要发明新的数学工具来解决这些问题。

英国的数学家牛顿的研究工作是从人们都熟悉的运动开始的。考虑最简单的情况,一个物体向某个方向做直线运动,几乎每个人都知道物体的速度等于路程除以时间,这个速度实际上应该是这段时间的平均速度;而如果把这段路程缩到很小,那么所用时间也会很小,如果路程和时间都无穷小,这时的比值就是这段很短时间的比值,也就是瞬时速度。如果用数学语言描述即为,对路程关于时间进行微分就得到了速度。

另外一个数学家莱布尼茨从另外一个角度来解释他发现的现象:一条直线

与曲线相交于两点,如果这两点距离无穷小,那么就可以近似认为这条直线与曲线只有一个交点,也就是曲线的切线。这样就能用 y 差与 x 差的比例来计算切线的倾斜程度,也就是斜率。就这样牛顿和莱布尼茨几乎同时独立地发现了微分。

在微分之后,两个人又不约而同地把工作投入到积分以及微分和积分的关系中。牛顿研究了变速物体运动距离,莱布尼茨考虑了两条曲线围成面积,这两个问题都是典型的积分问题,后来几乎同时,两个人都得到了连接微分和积分的公式,后人称为牛顿-莱布尼茨公式,至此,微积分学诞生了。

数学家们一直认为,微积分学是继欧几里得几何以来数学上最伟大的成就,给了它无上的荣耀和赞美之词,但牛顿和莱布尼茨都坚称自己才是最早发明微积分的人。同行相轻,他们互相指责对方剽窃了自己的成果,为此争论不休;甚至连欧洲的数学家们也火上加油,为谁最早发明了微积分进行了投票。结果显而易见,英伦三岛的数学家一致支持牛顿,欧洲大陆的数学家们被大科学家牛顿压制着,纷纷把票投给莱布尼茨。

从此,英国和欧洲的学术关系日益恶化,甚至长时间断绝了交流。

根据科学史学家考证,牛顿在1671年写成了《流数术和无穷级数》,而十多年之后,即1864年和1686年,莱布尼茨分别发表了他关于微分和关于积分的论著,不过由于《流数术和无穷级数》直到1736年才出版,所以微积分学才被莱布尼茨抢先公布于世,牛顿的微积分学可谓是"起个大早,赶个晚集"。由于牛顿和莱布尼茨的微积分学都是差不多相同时期各自独立完成的,后世也承认了他们各自的贡献,所以争论谁是第一已经没有意义了。

莱布尼茨

尽管微积分是牛顿和莱布尼茨发明的,但在此之前费马、笛卡尔和开普勒等数学家和物理学家们为此做了很多基础性的工作,他们对微积分学创立做出的贡献也不可磨灭,没有他们也不会有微积分。而微积分发明之后,又有无数的数学家为此努力,做了很多开创性的工作。当我们使用当年莱布尼茨发明的符号熟练演算微积分,处理复杂问题的时候,请缅怀这些伟人,要知道如果没有他们,就没有我们现代高度发达的文明。

33

众人拾柴火焰高

微积分基础的完善

自从 17 世纪微积分发明以来,科学研究在它的作用下迸发出崭新的活力。数学家和物理学家利用这强大的数学工具,解决了很多从前无法解决的问题,把科研向前推进了一大步。

但这时的数学家们对微积分还半信半疑:微积分理论没有得到严格的证明,基础还不完善。

就像盖楼房一样,如果地基出了问题,整个楼房的质量就无法保证。同样,尽管微积分这幢大楼盖得再精妙、高大、美轮美奂,如果基础不牢固,也是不能使用的。

微积分中最让数学家们感到困扰的是"无穷小量"这样模糊的词语。在计算微分的时候,常常会引入一个无穷小量,这个无穷小量到底是不是 0 引起了数学家们的思考。

如果不是 0,为什么可以随随便便地引入或者消去;如果是 0,为什么在求导数的时候,无穷小量又可以做分母。这些问题给 18 世纪的数学家们巨大的心里阴影,甚至一些专门研究哲学的人嘲笑"无穷小量"是"死去的幽灵"——幽灵本来就是死去的产物,但是又不能死的。

这种对微积分的不安引发了数学史上第二次危机。

为了解决无穷小量的问题,拉格朗日、波尔查诺和泰勒等数学家纷纷用自己的研究成果来解释微积分是合理的,不过他们的工作只是想办法避开无法解释的数学现象而选择了另外一条路,并没有正视无穷小量的存在。

直到 19 世纪 20 年代,法国数学家柯西在《分析教程》和《无穷小计算讲义》中才给出无穷小的数学定义:无穷小不是 0,也不是某个数字,无穷小是一种数的连续运动状态,这种运动最后会无穷趋近于 0,或者是一组包含这无穷个数字的数列,这列数越到后面越接近 0。

为了说明什么是无穷小,柯西发明了一种方法:无穷小就是不管你找到一个多小的具体数字,哪怕是 0.000 001,都能在这组数列中找到一个数,从这个数开始后面的所有数都小于 0.000 001。

看似微积分已经完善了,但 1874 年,德国数学家魏尔斯特拉斯做出了一个奇怪的函数,这个如果按照常规的微积分来做,这个函数可以做成一条连续的曲线,但它不能微分(我们可以按照莱布尼茨的观点,即可以做切线),而当时所有的数学家都认为,连续曲线的函数都能微分。

魏尔斯特拉斯的发现让数学家们想到:如果无穷小是数字在运动中不断接近 0,那么怎么保证它是连续变动的呢? 或者说,怎么保证与 0 靠近的位置都能用数字来表示呢? 和柯西解决的问题相比,这个难度显然更大了一些,因为在当时,实数的本质是什么,有多少实数,实数在数轴上分布的多紧密,这些问题都没有得到解决。

1870 年,魏尔斯特拉斯、戴德金和康托尔等数学家分别就实数问题进行了深入的研究。

他们先后给出了六个描述实数的基本定理,从不同角度阐述了实数的本质,后来的数学家们发现,这六个基本定理可以互相论证,也就是说,他们的定理都是正确的。

直至今日,六个实数基本定理还作为分析学的基本功被每个学习数学的人练习着。

在探究和完善微积分的道路上,数学家们拿着微积分的工具尝试着证明微积分的合理性。

从微积分诞生到之后的一百多年里,数学家们才在这个迷宫里找到了微积分的基础:从实数到极限最后再到微积分。

至此,世界各地的数学家、物理学家和学生们才高枕无忧地使用这个有着前所未有强大功能的工具。

微积分理论的完善告诫所有尝试发表新发现的数学家们,新的理论不是随便一想就可以,或者看起来差不多就行了,一定要有完善的理论基础,同时也要符合逻辑。

34

关于微积分的尝试
威力巨大的微分方程

我们考虑这样一个问题,在平直的道路上,一辆车正在减速行驶,如果它行驶的路程的数值和速度数值相加等于一百,那么这辆车的速度和时间的关系是什么?如果按照牛顿的处理方式,就是利用微分方程。微分方程和微积分几乎同时诞生,因为微分方程在处理物理问题上的强大功能,所以长久以来一直和微积分处于同等的研究地位。

在牛顿发明微积分之后,他就迫不及待地用微分方程来尝试他在物理上的新发现:只考虑一颗行星围绕太阳运动,太阳和行星之间有引力作用,迫使行星围绕着太阳运动,这个力的大小和太阳行星之间的距离,以及行星的速度有关(如果你不相信,可以拉着一根绑着重物的绳子,以手为圆心抡起来,感受一下重物的拉力)。他很顺利地建立了一个含有三个未知量的二阶方程组,这里所谓的"二阶"可以认为是求了两次微分,最终解决了这个问题,而物理史上的重大发现——万有引力定律,也随之诞生了。

牛顿的微分方程和万有引力便于理解,于是很快地变成了天文学家们寻找行星的利器。在当时,太阳系中已经发现了从水星、金星到天王星七颗行星,英国和法国的天文学家们都希望能找到第八颗行星。1834年,英国著名数学家、天文学家约翰·柯西·亚当斯发现天王星的运行轨道很奇怪,如果只考虑太阳和其他行星对它的引力影响,经过微分方程的计算,天王星的轨道一定是小一些,但实际上,天王星总是不由自主地向外偏,这就意味着,在天王星周边一定有另外一颗行星在拉着它。

真正的寻找竞赛是在英国的约翰·赫歇尔、他的同胞詹姆斯·查理士和法国的勒威耶、当时还是学生的达赫斯特之间展开的,两组数学家和天文学家们几乎同时进行计算和观测,发现了天王星之外的行星——海王星。而根据天文学家考证,勒威耶和达赫斯特是最先发现并确定海王星的人。

微分方程的作用不仅仅在于寻找新的行星上,从物体运动到热量传输,从结构力学到电磁学,几乎每个物理学的实际问题都要利用到微分方程,微分方程也因此成为物理学家必须具备的技能。

只列出微分方程是没有意义的,数学家们还需要找到方程的解。随着科学研究程度的加深,出现了越来越多的形态各异的微分方程,刚开始数学家们还能找到通解,也就是所有的解,但后来发现越来越力不从心,只能去寻找方程的特解——部分的解,甚至到后来连特解也找不到,开始研究哪些方程能找到解。如今,寻找微分方程的解,研究有没有解也成了数学中一个重要的研究课题。

很多人认为,没有解的微分方程就不要研究了,应该把精力投入到可以解出来的方程上。实际上,很多现在无解的微分方程不见得以后就解不出来,即便是已经证明不可解的方程,在研究过程中,数学家们也创造了很多深刻的概念,发明很多有用的方法,并且把这些成果用在了其他数学分支中。

微分方程是数学和物理学历史上的首次合作。在古罗马帝国统治的大多数时间里,数学被当作巫术被长时间禁止,整个欧洲都重视实践而轻视理论,即便到了文艺复兴时期,很多物理学家也对数学家们感到不屑,认为他们摆弄的不过是一些小玩意儿,而微分方程成功地扭转了物理学家对数学的观念,而当时的所有物理学家同时也是数学家,充分说明了这一点。

小知识

世间万物大多数的变化都保持连续,在研究的过程中就可以采用微积分。如果要掌握这些连续的规律,就需要利用已知的微分方程求出变化规律的函数。例如一个温度计放到室外,温度变化规律可以用微分来描述,通过这些微分建立的方程可以求出室外的温度;或者一个培养皿中有少量的细菌,在合适的条件下,细菌增殖的数量也满足一个微分,对这个微分建立方程,就可以求出细菌增殖规律。

无穷多个数相加是多少

级数的发展

在《庄子·天下篇》中有这样一句话："一尺之棰,日取其半,万世不竭。"意思是,一根一尺长的木棒,每天都取前一天的一半,总会有一半留下,永远也取不完。

如果我们考虑把"万世"取下来的木棒一点点接上去,会发现接好的木棒越来越长,但永远也到不了原来的长度;古希腊时期芝诺的兔子追不上乌龟也是级数:芝诺只不过把兔子追上乌龟之前分成了无穷多份,然后相加,虽然份数多,但无论如何也达不到追上的那一刻。进而抽象地考虑,这无穷多个数加在一起产生的结果,就是数学中的级数。

类似于庄子的"截木棒"和芝诺的"追乌龟"问题结论很简单:木棒会越来越接近原木棒长,而兔子和乌龟之间的距离也越来越小,这里出现的无穷多份相加,最终得到的结果一定会趋近一个具体的值,这种级数被数学家称为收敛级数;相反,如果最终结果不能趋近一个具体的值,这样的级数被数学家称为发散级数。

明确了这个概念,数学家们便致力于寻找哪些级数是收敛的,哪些是发散的。

目前为止,和其他数学问题相比,级数收敛和发散的判断已经有了结论。

达朗贝尔、莱布尼茨和柯西等数学家们发明了很多方法。

其中,达朗贝尔的判断方法是:只考虑正数的情况,在无穷多项中任意选择相邻两项,用后一项除以前一项,又得到了新的无穷多项,如果这些项越来越接近小于 1 的数,则级数收敛;接近大于 1 的数,则级数发散。

数学家们总是在不断挑战自己,无穷多个数相加的级数已经完全被研究清楚了,那么无穷多个函数相加的级数是收敛还是发散的呢?

但这回数学家的研究方向完全相反:一个函数能不能被拆成无穷多个有规律的多项式函数相加?如果把这些无穷多个多项式函数相加,得到的就是数学中的函数级数。

17 世纪,詹姆斯·格里高利就已经开始研究无穷级数了,他得到了几种函数的展开式。但是格里高利采用的方法是"神来之笔",没有什么普遍性,不能解决一般函数。

直到 1715 年,布鲁克·泰勒利用微积分,构造出了一般函数展开成多项式函数的方法,因此多项式函数展开的级数又被称为泰勒级数。

微积分的发展推动着级数理论的发展,而级数的成果也反哺微积分。众所周知,微积分在开始创立的时候,理论并不完善,其中"无穷小"这个词让数学家们懊恼很久:无穷小到底是不是数,和 0 有什么关系?

柯西在研究级数的时候发现,如果考虑这样一组数 1、0.5、0.25、0.125……,这些数字越来越接近 0,也就是说它们是无穷趋近于 0 的,那么无穷小就不是一个数,而是一组数,这组数和 0 的距离越来越接近。从这里出发,柯西最终找到用来表示"无穷小"和"无限趋近"严谨的数学用语,创立了微积分的基础——极限理论。

实际上,世界上最早研究级数的是 14 世纪印度数学家马德哈瓦。

根据历史数据记载,马德哈瓦在数列级数和函数级数上都有丰硕的成果,得出了很多超越时代的结论,领先欧洲三百年之久。

但由于当时印度和其他国家交流不畅,所以这些成果并没有流传于世,直到 17 世纪以后,欧洲数学家才把马德哈瓦的成果又重新论证了一遍。

可见,在科学研究上"酒香还怕巷子深",只有充分交流才不至于把成果掩埋在历史的尘埃中。

小知识

简单来说,级数即为无穷多项数字相加,对于级数 $S=1+1+\cdots\cdots+1+1+\cdots\cdots$ 我们可以很轻松地判断 S 这个数字无限大;而对于 $M=1-1+1-1+\cdots\cdots-1+1-1+\cdots\cdots$ 这个级数,也可以发现它可以等于 0 或者 1。上述两种级数都不能趋近于一个值,所以是发散级数,但如果考虑"截木棒"的级数 $N=\dfrac{1}{2}+\dfrac{1}{4}+\dfrac{1}{8}+\cdots+\dfrac{1}{2^n}+\cdots$,会发现它越来越接近 1,即这个级数是收敛的。

有很多级数的每一项越来越小,直观看上去似乎是收敛的,但实际却恰恰相反,例如调和级数:$N=\dfrac{1}{2}+\dfrac{1}{3}+\dfrac{1}{4}+\cdots+\dfrac{1}{n}+\cdots$,这个级数竟然是无限大的。

36

一根绷紧的弦如何振动

偏微分方程的发现

物理学家很早就观察到，类似于小提琴、吉他和钢琴这样的弦乐器，是靠着拨动或者撞击琴弦，琴弦产生高频率振颤而发声，乐器不同，弦不同，演奏的力度不同，产生的音色、音量和音调也都不一样。对工匠来说，他们只需要根据自己的经验来制作乐器，但物理学家考虑得更深入，他们试图找到琴弦振动的规律。

在微积分诞生之前，物理学家没有能力去研究琴弦的振动，因为这个问题实在太困难了。

一根细长的弦的两端在琴上绷紧，弦内部就会产生拉力，这个拉力与弦上某点的位置 x 和时间 t 有关，也就是说，弦的位置 u 表示成一个关于 x 和 t 的函数 $u = u(x,t)$，每个点受到的拉力 F 也不同，拉力 F 也可以表示成关于 x 和 t 的函数 $F = F(x,t)$，而当时的物理学只能处理某些两个自变量的函数。

物理学家们明白这种问题应该向什么方向探究，但受困于数学工具不完善，对弦振动问题也只是鞭长莫及。

直到数学家们提供了微积分的工具，弦振动问题的研究才有突破：因为弦每个时刻振动的情况都不同，所以就可以把 x 当作常数，对 t 微分，这在数学中叫作偏导数。物理学家们偏导数建立了弦振动的方程，也就是偏微分方程了。

18 世纪，法国数学家达朗贝尔在研究弦振动过程后，撰写了《论动力学》一书，在书中他第一次写出了偏微分方程。但当时由于从外部环境到达朗贝尔本人并不重视这个刚出现的数学概念，所以当时并没有多少人注意。直到公元1746 年，达朗贝尔才又写下了第二篇关于弦振动的论文，这才宣告偏微分方程的诞生。

弦振动问题固然很难，但至少是看得见的物理现象。出于对微积分理论的乐观和信任，很多物理学家开始研究看不见的物理现象，比如热传播现象，而法国数学家傅里叶就是研究热传播的佼佼者。

傅里叶出生在法国中部,由于年幼时父母双亡,不得不在教会的资助下学习。即便如此,他在数学和物理学上的天赋也日益显现,后来被招入大学担任助教。

战场上的拿破仑

1798年,傅里叶投笔从戎,成为当时法国皇帝拿破仑手下的一员骁勇战将,受到了拿破仑的器重,甚至拿破仑还授予傅里叶贵族的称号,任命他为伊泽尔省的行政长官。

由于傅里叶是拿破仑面前的红人,数学家都顾及拿破仑的面子,因此一时间没有人敢质疑傅里叶在数学和物理学上的权威,以至于当时拉格朗日、拉普拉斯和勒让德等学术巨匠都不得不重视他的文章,竟然在论文没有公开发表的情况下,把法国科学院大奖颁发给了傅里叶。尽管傅里叶的成功多少有一些拿破仑的帮助,但这丝毫不影响他成果的正确性和伟大。

最终,在1822年,已经成为法国科学院院士的傅里叶出版了专著《热的解析理论》,不仅发展了欧拉等数学家的成果,而且发明了三角函数级数用来求解热传导的偏微分方程,可以说这本书是19世纪偏微分方程最重要的成果。

偏微分方程从物理研究中诞生,而物理研究又使用了数学的工具,可见物理学和数学不分家,两者有着千丝万缕的联系。实际上,偏微分方程在某些课程中也叫数学物理方程,这也能说明偏微分方程具有数学和物理两种血统。

如果只研究数学,不考虑它的物理意义,则研究很容易陷入形式主义,而反过来,如果只研究物理不研究数学,物理学就无法精确计算。至少对偏微分方程来说,两者都是不可或缺的。

小知识

对只有一个自变量的函数 $y = f(x)$ 微分,可以得到 $dy = f'(x)dx$,对有两个或者以上自变量的函数 $z = f(x, y)$ 来说,可以把其中一个自变量看成常数,对另外一个进行微分,为了与符号"d"区别,数学家们采用符号"∂"表示,并称它为偏微分,例如,对 $z = f(x, y)$ 中 x 微分,得到了 $\partial z = f\_x'(x, y)\partial x$。

偏微分方程正是采用偏微分表示的方程。同时,由于很多偏微分方程求解很困难,有些问题也没有求解的必要,只需要得到一些特定的值,所以对很多偏微分方程来说,只需要求它的数值解即可,即当自变量取确定值后,得到它的函数值。

37

对微积分的修补

实变函数

在函数中有一个连续的概念,简言之,从图像上看过去,这个函数的图像是一个连续的曲线;微积分里又有一个导数的概念,如果根据莱布尼茨的研究,同样从图像看过去,这个函数的图像上某个点有切线。一直以来,人们都认为处处连续的函数处处可导,但德国数学家魏尔斯特拉斯构造了一个函数,竟然是处处连续且处处不可导。

魏尔斯特拉斯函数,从图像上看过去,就好像股市中的蜡烛图,曲线刚升上去,就要掉下来。这个函数的诞生让很多数学家感到恐慌,谁也没想到世界上还存在这样的函数。而更大的问题在于计算这个函数图像与 x 轴围成的面积难以计算。按照当时的微积分理论,一个函数与 x 轴围成的面积可以用这个函数的积分进行计算,但魏尔斯特拉斯函数无法进行积分运算,但这个函数确实与 x 有围成的面积。为了解决这个问题,法国数学家勒贝格尝试着发明一种新的积分理论来解决魏尔斯特拉斯函数的积分问题。

1875 年,勒贝格出生在一个印刷厂职工家庭中,由于父亲的工作是和书籍打交道,年少的勒贝格也对知识产生了浓厚的兴趣。尽管父亲早逝,但学校老师对这个勤奋的学生不离不弃,使他终于在巴黎完成中学学业,考入法国数学的中心——巴黎高等师范学校。

勒贝格认为,魏尔斯特拉斯函数之所以不能积分,是因为数学家没有搞清楚什么是长度、面积和体积。虽然对于绳子、图形和空间体各自的长度、面积和体积这些几何度量很好理解,但这些毕竟是现实世界中存在的物体,直观上有数量可以衡量;数学上的曲线、面积就不一样,这些都是由数学公式描述的,现实世界中不存在着这样的物体,所以直观上没办法找到数量衡量。正巧这时,勒贝格的大学老师波莱尔出版了重新讨论面积的《函数论讲义》,波莱尔把长度、面积和体积等几何度量都归纳成一个数学对象——测度,给了勒贝格信心,他决定沿着这条路走下去。

1902 年,担任数学教师的勒贝格继续攻读博士学位,他发表了名为《积分、长度和面积》的博士论文,文中对类似于魏尔斯特拉斯这样的函数进行积分的方法,数学上被命名为勒贝格积分,从而开创了一门研究一般函数的极限、可微性和积分等特点的学科——实变函数,或者实分析。

那么勒贝格积分和微积分中的积分有什么区别呢? 站在勒贝格积分的角度来看,微积分中的积分(又称为黎曼积分)是它的一种特殊的情况,勒贝格积分包括黎曼积分,举个简单的例子,勒贝格积分和黎曼积分,就像猴子和猕猴,是包含的关系。

实变函数建立的年代,科学家们对学科的探索和研究的态度有了很大进步,数学家明确了现在的理论都是不完善的,很有可能在未来的某一天遇到了不能使用的情况,这时就需要提前找到一个新的理论。新的理论不能推翻过去的结果,还要比过去成果的使用范围广,并将过去成果包含进去。正如物理学家发现两个物体之间的万有引力公式和点电荷之间相互作用力——库仑定律公式形式上相同,于是寻找统一场理论一样。

小知识

　　一般的积分,即黎曼积分是把函数的自变量分成若干份,构造矩形求和;勒贝格积分正好相反,它把函数的因变量分成若干份,构造矩形求和。按照勒贝格的方法,矩形的高(横向看)即为满足此函数值的所有的自变量范围,对狄利克雷函数来说,积分就可以变成求两个矩形的面积:一个矩形的高是所有无理数,测度是无穷大,底是 0,因此这个矩形的面积为 0;另一个矩形的高是所有有理数,测度是 0,底是 1,这个矩形的面积也为 0,所以对狄利克雷积分等于 0,而这个在黎曼积分中是无法求解的。

38

复数也能做变数

复变函数的诞生

我们平时会接触到很多函数，比如速度是每秒 10 米，时间 x 和路程 y 的关系是：$y=10x$；如果每个小组有五个人，那么小组组数 x 和总人数 y 的关系是：$y=5x$。这些函数的变量 x 和 y 的取值都是普通的实数，也就是勒贝格研究的实数为变量的函数——实变函数。既然复数是包含实数的更广阔的概念，那么把复数作为变量写出的函数就是复变函数。

数学家对复变函数的探索和复数完全不同。复数是人类被动发现的，因为方程出现了不能解的部分，所以为了得到形式上的解，就必须定义复数的概念。长久以来，数学家们没有认识到复数的作用，直到复变函数的诞生。

18 世纪，法国数学家达朗贝尔在研究流体力学时，发现流体，也就是气体和液体的受力情况和固体不同。固体水平方向的力和竖直方向的力相互不影响，所以受力时只需单独考虑水平或者竖直就可以；但流体可以流动，在水平上受到的力会对竖直方向上产生影响，所以不能单独考虑一个方向，这时他发现，一个复数中有两个实数，能同时表示水平方向和竖直方向。就这样，复变函数作为流体力学的副产品被发明出来。

在科学研究中有一个重要的方法叫模拟推理。如果两个对象有部分属性相同，那么它们其他属性也相同的推理。因为实变函数上有可微分的概念，所以数学家们认为在复变函数中也有可微分的概念。数学家们把在某一集合中处处可微分的函数叫作解析函数，或者全纯函数，如果只有某些孤立的点不能微分，这样的函数叫作亚纯函数。整个复变函数理论都是建立在解析函数和亚纯函数上的，就好像实分析中微积分建立在处处可微或者只有若干点不可微函数之上。

那么复变函数中有没有类似在实分析中魏尔斯特

达朗贝尔

拉斯找到的处处连续处处不可微的函数呢？这些函数有什么特点，如果研究下去，会不会像勒贝格一样开创一个新的数学分支呢？数学家早就考虑过这样的问题了，而相关的研究一直在进行当中。

在复变函数诞生的初期，达朗贝尔、欧拉和拉普拉斯都有着很大的贡献，复变函数成果斐然，受到了很多数学家的重视，以至于整个 19 世纪，复变函数的研究统治了整个数学界。物理学家们非常重视复变函数，只要研究空间问题，空间中每个方向互相影响，就要使用复变函数，不仅包括流体力学，还有场论，凝聚态物理、微电子学等学科门类。

风水轮流转，复变函数经过一百多年的研究，已经从数学研究首位退居成次位了，现在最杰出的数学家们更愿意去研究代数几何这样的艰深的学科，甚至都不好意思说自己是研究复分析的。和偏微分方程一样，复变函数和物理结合得非常紧密，以至于每个物理学家都要成为复变函数的专家。尽管复变函数已经"失宠"于数学家，但物理学家还会研究下去，如果有一天，物理学家使用复变函数时出现了无法处理的问题，数学家一定会重新重视起来。

小知识

复变函数和普通函数一样有微分的概念，如果一个复变函数可以在 $z=a+bi$ 处求导，就称为这个函数在 z 处解析，如果在定义域内都解析，那么这个函数就被称为解析函数。实际上，复变函数自变量在很多点上都不能解析，这些不能解析的点被称为奇点，在图像中可以很容易地表示出来。

从图像上我们可以看出 $z=3+i$ 时这个复变函数的奇点，即复变函数在 $z=3+i$ 上不解析。而函数在其他点都变化得很平滑，即在其他点解析。

39

变分法的出现

1630年，伟大的物理学家伽利略提出这样一个问题：在起点高度和终点高度都相同的位置放置两个轨道，一条是直线，一条是曲线，两个完全相同的小球同时从起点滚下来，哪个小球先到达终点。因为两点之间的直线只有一条，但曲线却有无数条，沿着曲线下落的时间也不是唯一的。伽利略认为，最快的线应该是某个圆上的一段弧或者抛物线的一段。

不过这个猜测很快就被推翻了，物理学家惠更斯在十七岁的时候通过做实验发现，伽利略的答案是错误的，但他也不知道答案是什么。

1696年，瑞士数学家约翰·伯努利独立地解决了这个问题，并且向欧洲其他知名的数学家发起了挑战。在当时，很多数学问题都是已知函数求最大值或最小值，但这个问题别出心裁，是给出某些条件，求满足条件的函数，这让当时所有的数学家都很有兴趣，在使用了微积分的工具后，牛顿、莱布尼茨和洛必达等如虎添翼，纷纷解决了这个问题。最快的路径应该是旋轮线。

那么，什么是旋轮线呢？简单来说，如果在汽车的轮子上取一个点，那么在汽车行驶的时候，这点在空间中划过的轨迹就是旋轮线。在探究最速降

伽利略向威尼斯大侯爵介绍如何使用望远镜

线和研究旋轮线的过程中，数学家们创造出了变分法。普通分析学是在已知函数的条件下，研究函数的自变量和因变量的特征。而变分法和它引申出来的变分学则是把函数本身作为变量进行研究。

变分法中最重要的一个定理就是欧拉-拉格朗日方程。这个定理形式上很复杂，但理解起来并不难。以约翰·伯努利找到最速降线的方法为例，他认为小球之所以能最快地下落，是因为在每个点上，小球都朝着最快释放能量的角度变化，如果小球的速度向下，那么向下的方向就是最快释放能量的方向；但如果小球速度并不是向下的，那么它在每个时刻的速度方向和竖直向下的方向就有着某种关系，这些关系可以用微积分的求导和积分来表示。

欧拉-拉格朗日方程诞生后，变分法广泛应用在了物理学中，尽管这个定理有一些小问题，但数学家和物理学家还是乐此不疲地使用它判断和解决问题，例如材料力学、结构力学等，因为自然界中的大多数规律都是向节省能量或者最耗费能量的方向转化，符合变分法的研究特点，所以在气象的研究中也可以使用变分法。

19 世纪后，数学家们越来越不满足于研究特定函数的问题，他们更希望以所有函数为研究对象，在这种情况下，变分法发展得越来越快。在 20 世纪初的国际数学家大会上，希尔伯特提出了二十三个重要的数学问题，其中就有三个涉及变分法，可见那时变分法的重要程度。在 20 世纪以后，变分法和其他数学分支也发生了密切的关系，美国数学家穆尔斯创立了使用拓扑学研究变分法的大范围变分法。

微积分是通过函数来研究变量，如果把这个思维反过来，通过变数来研究函数，就是变分法了。在游戏开发领域，我们看到角色都是在游戏世界的画面中行走，实际上是采用角色不动，移动游戏世界的卡马克滚动条算法。在很多科学研究和实践中，很多相反的思维都可以得到不一样的结果，这种反向思维不仅给我们提供了一个解决问题的方式，也能产生更多意想不到的成果。

小知识

　　如果在平面上确定两点，则两点之间的连线有无穷多条，对它们的研究即为变分法。如果一个物体从一点到另外一个点，就需要考虑两点之间的路径，在右图中我们会发现，下一条线明显短于上一条线，而它们都不是最短的，因为两点之间的直线最短。但如果加上其他条件，直线可能就不是最佳路径了。

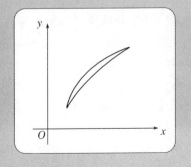

40

抽象的映射有什么特点

泛函分析的诞生

在人类进入 20 世纪后,数学家们审视几百年来数学进展的时候发现,数学已经发生了翻天覆地的变化,一方面,代数学、几何学和分析学形成三足鼎立之势,独立地发展出了很多分支学科和方法;而另外一方面,这些分支学科和方法似乎蕴含着有共同的特点。

以代数中简单的运算 3×5＝15 为例,实际上是一个数字集合中的元素 3,经过了某个规则(乘以 5)映像到另外一个集合中的元素 15 上;在拓扑学中,一块正方体的黏土可以在不撕裂的前提下,被搓成球形、长条或者其他形状,如果抽象出其中的规律,可以认为正方体的黏土经过了某种映射(变化),变成另外一个集合中的元素,在分析学中,映射的例子更是比比皆是。当时,数学家们已经明确了数学的基础是集合,那么剩下的问题就是研究这些在每个数学分支中都存在的映射,如果映像是作用在数学研究对象形成的集合上,就叫作函数。数学家们给自己明确了新的任务:研究这些在各种数学分支上都使用的函数的特点,这样一个新的分析学门类——泛函分析就诞生了。

泛函分析研究的函数实在太多了,数学家们不得不把这些函数根据已知的特征进行分类:例如可微的函数分成一个集合,连续的函数又分为一个集合,可以积分的函数也分为一个集合,同时在这些集合上规定一个映射或者定义一个运算(可以理解成把集合中的元素,也就是这些函数做加减,或者积分求导等)。在数学中,在集合上规定了某些映射的叫作空间,在泛函分析中,类似欧几里得空间、希尔伯特空间、奥利奇空间或者巴拿赫空间就是满足某些特征并且规定了某些运算的函数集合,而这个映像或者运算就是以函数作为变量的函数,在数学上也称为操作数,比如数学上著名的拉普拉斯操作数,甚至对函数进行积分,也是一种操作数。

20 世纪初,弗列特荷姆和阿达马开始把函数这个整体抽象出来进行研究,形成了一般的分析学,受到了很多研究分析学的数学家的重视。到了 20 世纪 30 年代,泛函分析终于诞生。现在,泛函分析已经成为分析学的尖端问题,并且与数学其他问题紧密结合,获得了很多成果。同时,作为近代物理学的理论基础——量子力学,也使用了很多泛函分析的结论和研究方法。

从人类最开始无意识地使用函数,到人类逐渐认识到函数的概念,并有意识地使用;从牛顿和莱布尼茨把微积分传播到整个欧洲,到函数的自变量和因变量都用复数表示的复变函数;从勒贝格尝试弥补微积分的缺陷而发明的实分析,到所有函数整体的特征的泛函分析,数学家们研究的对象越来越高深,也越来越抽象,适用的范围也越来越广泛。

面对着光怪陆离的世界,好奇的人类总是想掌握各式各样的规律,而数学就是人类最有力的工具。

从分析学的发展史来看,泛函分析已经是分析学中最高层次的分析学工具了,但我们有理由相信,随着数学的进一步发展,一定会出现比泛函分析更高层次的数学门类。

小知识

在泛函分析中,简单的例子是多项式函数空间。任何一个多项式函数 $f(x)=a_nx^n+a_{(n-1)}x^{(n-1)}+\cdots a_1x+a_0$ 经过求导的运算仍然为多项式函数,如果把所有多项式函数放在一起成为一个集合,那么在集合中元素经过求导运算后仍然在这个集合中,在这里,求导就是一个操作数,而这个集合和上面的操作数合在一起就叫作多项式空间。

第五章

几何学与拓扑学
的发展

41
"以算代证"证明命题
解析几何的诞生

古希腊时期,欧几里得几何发展迅速,曾经一度被认为是最优美,也是最严谨的数学。一方面,欧氏几何符合逻辑,从公理和公设能推导出让人信服的定理和结论;另外一方面,欧氏几何用简单的语言就可以解释生活中很多问题,在当时的工程学上得到广泛的应用。

但从解题的角度来说,欧氏几何有一个明显的缺点,由于它太注重逻辑性了,以至于很多很难的问题没有普遍适用的方法,只能通过特殊的方式一步步得到解答,走错一个方向有可能导致全盘皆输;而在证明的过程中,解题者很难一开始就知道该从哪个条件入手,在每一个分岔口找到正确的路径,就好像一个人在迷宫中行走,摆在他前面的有很多条路,其中只有一条是正确的,即便他幸运勉强选对了路,等待他的将是下一个有很多分支的路口,而在一道题中会出现很多这样的路口。

在笛卡尔创立了平面直角坐标系之后,欧氏几何中的问题才有了普遍的解法。由于欧氏几何中的图形都是由点来表示的,如果在这些点所在的平面上再建立坐标系,每个点就可以用一对数来表示,也就是坐标。如果这些坐标都满足某个代数式,平面图形就和代数式完全等价了。例如直线就可以表示为 $ax+by+c=0$ 的形式,而圆也可以表示为 $(x-a)^2+(y-b)^2=r^2$ 这样的形式。这样,几何的证明问题就可以转化成代数的计算进行处理了,也就是用解析的方法来处理几何问题,这在数学上叫作解析几何。

几何图形在视觉上很直观,但是内在的逻辑却不那么容易看出来;如果把图形转化成代数式的形式,就可以利用固有的公式"以算代证"。比如要证明一个点在已知直线上,只需要计算这个点能否符合该直线方程。而在欧氏几何证明中,则需要先假设这点不在直线上,找到矛盾的反证法,或者证明点在另外一条直线上,而这两条直线重合的同一法,过程相当繁琐。尽管解析几何的证明看起来并不是那么漂亮,也不如欧氏几何证明的过程那么重视逻辑性,展现数学之美,但对于很多平面几何难题都是卓有成效的。

在古希腊末期，阿波罗尼奥斯撰写了《圆锥曲线论》，在书中他提到了很多关于椭圆、双曲线和抛物线的公理，几乎把欧式几何证明的方法用到了极致，尽管过去了两千年，后人仍然无法对书中的内容进行补充，而在笛卡尔之后，数学家们才把圆锥曲线的研究推进了一步，而采用的方法正是解析几何。

解析几何是人类首次把几何图形和代数式联系在一起，人们不仅获得了简便的证明方法，同时也意识到了在某种意义上，数学的每个分支学科都是相通的；解析几何的研究促使数学家们把目光投向变量和函数，也成为微积分学诞生的催化剂。诚然，解析几何在证明中的作用要远远强于欧氏几何证明，但不可否认的是，欧氏几何证明在培养人逻辑思维能力、观察能力和想象能力等方面有着解析几何望其项背的作用，而这些作用对数学的研究都是非常重要的。如果没有平面几何良好的功底，即便解析几何使用得再熟练，也会吃亏。牛顿在读书的时候，就曾经嫌弃欧氏几何证明繁琐，没有解析几何方便，便放弃了欧氏几何的学习而钻研笛卡尔的著作，最终因几何基础薄弱达不到考核的要求，而失去了评奖学金的资格。

小知识

研究直线的方程有助于我们理解解析几何。

在平面直角坐标系中，过 $(0,1)$ 和 $(-0.5,0)$ 两点做出一条直线，这条直线不仅通过这两点，而且也通过无穷多个点，虽然这些点的坐标都不同，但它们都符合方程 $y=2x+1$，即点的坐标都能使这个方程成立，这样，对直线的研究就可以转化成对 $y=2x+1$ 进行研究，比如与这条直线平行的直线，都满足 $y=2x+b$ 这个形式，即 x 的系数相等；而与这条直线垂直的直线都满足 $y=-0.5x+b$，即两条直线 x 的系数相乘等于 -1。

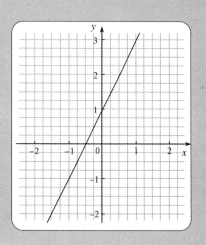

42

可以变形的图形

仿射几何

　　尽管圆形和椭圆形是两种不同的图形,看起来却很相似。实际上在某种几何中,这两个图形没有区别,而这种几何叫作仿射几何。

　　想要理解什么是仿射几何,先要了解什么是仿射变换。仿射变换,就是对一个图形进行平移、缩放、旋转、翻转和错切。平移是把一个图形从一个位置移动到另外一个位置,缩放是图形在某个方向上拉伸或压缩,旋转是图形绕着某个点进行转动,翻转是图形按照某条直线翻过去,错切是图形以其中某条线不变动的方式变形。

　　在仿射变化下,圆可以放大也可以缩小,可以横向拉伸变成椭圆;正方形可以拉成矩形;矩形可以错切成平行四边形。如果考虑一束光线投射过来,改变光线的角度就可以改变影子的形状,而圆对应的影子可以是圆本身,也可以是椭圆;正方形的影子可以是矩形,也可以是平行四边形。在仿射几何中,能通过仿射变化变形的图形都可以看成是相同的。

　　和欧氏几何不同,在仿射几何中并没有长度和角度的概念。线段在仿射变换中被拉伸或压缩,已经无法表示之前的长度,而角度在错切中也发生了变化,也已经无法表示之前的角度,正方形有四个角是直角,而普通的平行四边形一个直角都没有,但在仿射几何中它们却是同一个图形。

　　虽然仿射几何失去了很多欧氏几何的特征,但它在几何证明上的简洁是不可替代的。由于仿射变化中的某些性质,比如线段比例仍然适用,所以在证明类似于线段中点的时候可以选择最简便的图形证明,这样所有仿射变换后的图形也都具有这样的性质。

　　仿射几何是数学学科中的一朵奇葩,在数学发展中,它发挥了至关重要的作用,在仿射几何诞生之后,各式各样的变换下的几何学层出不穷,一时让数学家们感到难以适从。但 1872 年发生的一件事情,让数学家们对仿射几何学失去了兴趣,仿射几何的研究也在这一年画上了句号。

菲利克斯·克莱因是德国数学家,他在波恩大学学习期间,对数学和物理学非常感兴趣,考虑再三后,决定以物理研究为职业。他的数学老师普律克发现,这个未成年的小伙子虽然年纪很轻,但却有很高的数学天赋,经过再三劝说,克莱因才决定由研究物理转为研究数学。1868 年,年仅十九岁的克莱因在普律克的指导下完成了博士论文。

1872 年,克莱因被埃尔朗根大学聘为大学教授。在欧洲的教育体系中,一个大学在某领域只能有一名教授,所以这个职位是非常难得的,就职仪式也盛大而隆重,除了各种必要的仪式外,受聘的科学家也要为大家做公开演讲。为了这个就职仪式和演讲,克莱因准备了很长时间,而埃尔朗根大学的教员和学生们也翘首以盼。

克莱因没有辜负所有人期盼,只有二十三岁的他做了题为《关于近代几何研究的比较考察》的演讲。在演讲中,克莱因提到,近年来出现的各种几何其实都是在某些变换方式下产生的,而几何可以定义为在某些变换下不变的性质。这种观点在当时引起了轩然大波,从此以后,数学家们就放弃了各种变化下几何学的研究,转到对变换群(群可以理解成一种集合)的研究中。这次演讲在历史上被称为《埃尔朗根纲领》。

在现代的数学研究中,仿射几何的知识已经没有研究的意义,甚至它早就从大学数学系的课本中消失了。我们偶然能从某些师范大学数学系的课程中才能找到它,因为在数学思维的培养上,仿射几何还有一定的价值。

小知识

仿射几何在图像处理中有广泛的用途,例如监视交通状况的监视器,会随着拍摄车辆行驶状况,同时把车牌号码拍下来进行自动识别。从正面看起来,因为车牌的数字和字母都是标准的写法,所以识别起来并不困难,但如果车牌并没有正对着监视器,数字就不那么容易识别了,这时就可以使用仿射几何中的变换,转化成易于识别的字母和数字。

43

用微积分来解决几何问题

微分几何的诞生

18世纪末期是法国最动荡的年代,让法国的科学家们无所适从,就连发现氧气的化学家拉瓦锡也被送上断头台。不过他的朋友,数学家加斯帕尔·蒙日的运气好一些,侥幸保全了性命,也保全了他在晚年开创的微分几何学。

虽然蒙日的父亲只是一个小商贩,但他对子女的教育很重视,所以几个子女都接受了良好的教育,蒙日也很争气,经常获得学校的嘉奖,也渐渐显露出他在几何上的才华。十四岁的时候,蒙日利用几何知识为他居住的小镇发明了灭火机,机器精密的构造都来自他自己的构思,这让整个城镇的居民很惊讶,大家都认为蒙日以后一定会成为一位优秀的几何学家和工程师。

蒙日

十六岁的时候,蒙日自己制作了测绘工具,测量并绘制了他居住小镇的地图。学校老师看到蒙日绘制的地图很精确,肯定了他的天才且远超过同龄人的水平,于是把他推荐到里昂的学校担任物理老师。

在一次从里昂回家探亲的路上,蒙日遇到了一位军官,这位军官听说了蒙日高超的几何水平和动手能力,把他推荐到梅济耶尔皇家军事工程学院学习。

在论资排辈重视出身的工程学院里,蒙日并没有受到重视,他得不到任何军校学生正常的待遇,只能做一些设计的工作。在常人看起来这是不公平的,但蒙日却不在乎,只要能研究他钟爱的几何学和测量学,他就心满意足了。

在一次防御工事的设计中,蒙日完成了他一生中第一个伟大的贡献——创造了画法几何。在画法几何诞生之前,如果要在平面上画出立体图形,并且看出每条边的长度是一件非常困难的事情,蒙日把立体图形投影在下底面,后平面和侧面,分别做出平面图形,成功地解决了建筑设计中计算繁琐、图形不直观的问题,而这种方法也成为工程学院中的军事机密,被要求不能泄漏出去。

蒙日凭借他的画法几何平步青云,最后竟然坐到了海军部长的位置。尽管身居高位,蒙日并没有任何官架子,就算对方是一个基层的炮兵军官,蒙日也礼贤下士、关怀备至。当法国皇帝路易十六被送上断头台,法国动荡不安的时候,旧王国的官员都受到审判,但蒙日却没有受到任何牵连,因为他当年接见的炮兵军官正是现在的法国皇帝拿破仑。

路易十六被处死

在拿破仑的帮助下,蒙日又恢复了他的职位甚至担任了更高的职位,他把微积分和几何学结合,创立了微分几何,这也是蒙日第二个伟大的贡献。

1807年,蒙日出版了世界上第一本微分几何专著《分析在几何学上的应用》,引起欧洲很多数学家的重视。高斯按照他的方向研究下去,对蒙日的成果进行补充和完善,最后形成了现在我们学习的微分几何基础。

经过大约一百年的发展,微分几何已经把微积分和欧几里得空间几何学结合到了极致,在数学上被称为古典微分几何。现代微分几何主要研究更一般的空间——流形,所谓流形可以用地球来举例子:虽然地球表面是球面,但在地表取一小块,可以近似看成平面,这小块保持了平面的性质,和地球表面截然不同,就可以称为流形,而我们熟悉的广义相对论就是在这个理论的基础上建立起来的。

蒙日和他的微分几何都诞生在法国最动荡的年代,虽然可谓是生不逢时,但至少在几乎没有阻碍的环境下诞生,这一切源自蒙日平易近人的性格和不倨不傲的性格。尽管拿破仑经常批评这个昔日的上司,尽管蒙日手下的学生总是集会游行公开反对拿破仑,但这丝毫没有影响他和拿破仑之间的友谊。究其原因,正是蒙日在身居高位时对拿破仑的友好和真诚的态度,让拿破仑终身难忘,才成就了日后拿破仑对他的信任和保护,同时也保护了微分几何。

小知识

在微分几何中,曲率是一个非常重要的概念。

在欧几里得空间中,在一条曲线的两个临近的点各做一条切线,切线之间的夹角 α 与两点间弧长 ΔS 的比值就可以描述曲线在两点之间的曲率。当这两点无穷趋近成一个点的时候,就可以定义这点的曲率 $\lim\limits_{\Delta S \to 0} \dfrac{\alpha}{\Delta S}$。

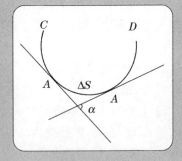

曲率的应用非常广泛。在 adobe 公司开发的 photoshop、flash 等很多软件中的钢笔工具,就是根据曲率公式的算法进行开发的。根据相对论我们知道,宇宙中最快的速度是光速,而这个速度只能不断接近而无法达到,即便是人类的航空器达到了这个速度,要去几千甚至上万光年外也是不可能的事情,而物理学家正在广义相对论框架下,研究航空器曲率驱动,这很有可能是人类实现外层空间旅行的唯一方式。

44

用代数研究几何

代数几何的历史

　　如果分析的方法可以研究几何,那么代数学也能和几何结合,这就是现在数学中最热门,也是最有挑战性的研究方向——代数几何。

　　所谓代数几何,从字面上理解,是用代数的方法来研究几何,即在各种空间中,研究满足某个方程组的曲线或者曲面,也叫代数簇的共同的几何特征,这就是黎曼等数学家研究的古典代数几何。随着代数学的发展,代数几何的研究方法也发生了很大的变化,以至于现在它还有顽强的生命力,仍然被数学家们宠爱。在这里,德裔数学家格罗滕迪克有着不朽的功绩。

　　1928 年格罗滕迪克出生在德国一个犹太人家庭,由于父亲是一位革命者,到处流亡没有国籍,所以格罗滕迪克也是无国籍人士。格罗滕迪克年少的时候,基本都是在逃避战乱中度过,经常是家人刚刚团聚,就要面临分离,甚至后来他的父亲死在了纳粹的奥斯威辛集中营。第二次世界大战时期的苦难给格罗滕迪克很大的打击,也影响着他的人生轨迹。大学毕业以后,格罗滕迪克因其高超的数学水平被老师推荐给在巴黎高等师范学校的嘉当父子。自负的格罗滕迪克在世界数学中心之一——巴黎高等师范学校——参加了数学讨论班后备受打击,于是转到南锡碰碰运气。在这里他做出了格罗滕迪克-黎曼-罗赫定理,这是代数几何中的一个重要定理,把代数几何的研究对象代数簇推广到更广阔的范围,从此奠定了他在代数几何上的地位。

　　1966 年,格罗滕迪克获得了数学界最高奖——菲尔兹奖。在此之后,他的成果给予很多数学家启发,几乎所有的代数几何学家都沿着他的轨迹,从韦伊猜想的证明,到莫德尔猜想的解决,再到费马大定理的证明,几乎 20 世纪后半叶的数学进展都依赖格罗滕迪克在代数几何上的贡献,而他的贡献也成为现代代数几何的基础。

　　尽管格罗滕迪克有着丰硕的研究成果,但他没有任何国家的国籍,也找不到工作,虽然在法国只要加入海外雇佣军团就可以获得法国籍,但格罗滕迪克憎恨战争,他拒绝通过入伍的方式加入法国国籍,只能辗转在几个国家的大学教书。

由于年少时的惨痛经历,格罗滕迪克成为一个激进的反战者,一点点和战争搭边的事情都让他觉得反感。在越南战争期间,他深入越南的原始丛林中讲授数学;听说工作的研究所受到军事组织——北大西洋公约赞助,他愤然辞职;他拒绝被授予克拉福德奖,只因为获奖的成果用到了军事上,甚至在开会的时候,有的数学家提到了用数学计算导弹轨道,格罗滕迪克会跑到台上把演讲者的麦克风扯下来。

格罗滕迪克的成就可以让他成为当时最伟大的数学家,他甚至被尊称为代数几何教皇。可惜的是,他在四十二岁的时候就无法忍受数学在军事上的应用,停止了数学研究。

1990 年,格罗滕迪克甚至隐居在比利牛斯山,过着隐居的生活。在代数几何的发展史中,除了格罗滕迪克以外,他的数学家前辈们黎曼、诺特、庞加莱都有着不朽的贡献,到了 20 世纪,韦伊和范德瓦尔登等数学家都为代数几何开创了一个新局面,但客观地说,在代数几何上只有一个上帝,那就是格罗滕迪克。

小知识

在代数几何中,代数簇是一个非常重要的概念,我们可以采用解析几何的方式来理解它。如果把四条直线:$y=2x+1$, $y=-3x+1$,$y=0.5x+1$ 和 $y=-0.3x+1$ 在一个平面直角坐标系中做出来,会发现它们都过点 $(0,1)$。这里的 $(0,1)$ 就是上述四条直线的代数簇。也就是说,代数簇可以理解为是一组几何图形的公共部分。实际上,代数簇是一个非常深刻的概念,不仅在欧几里得平面空间和立体空间中可以使用,同时也可以使用在数学家们建构出的各种空间里。

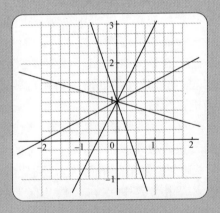

45

第五公设的难题

非欧几何的诞生

《几何原本》是欧氏几何中的经典著作,也是两千多年来学习几何的入门教材。

它形式简单,逻辑清晰,甚至年幼的孩童都可以学习,但其中有一个困扰数学家们几千年的问题,随着对这个问题的研究,一个新的几何学科——非欧几何诞生了。

我们知道,任何一个学科或者知识体系都会有一个基础。《几何原本》的基础是五个定理和五个公设,整本书所有的内容都由这十个基本规则推导出来。在这里五个公设分别为:

公设 1:由任意一点到另外任意一点可以画直线。

公设 2:直线可以延长。

公设 3:以任意点为圆心,任意长度为半径可以画圆。

公设 4:凡是直角都相等。

公设 5:同一平面内的一条直线和另外两条直线相交,若在某一侧的两个内角的和小于两个直角和,则这两条直线无限延长后在这一侧相交。

数学家们发现,前四条公设简单易懂,而第五条公设却描述得非常繁琐,明显和其他四条不同,看起来非常另类而让人讨厌,那么,能不能舍弃第五条公设呢?于是,数学家们打算用前四条公设来证明第五条,如果成功,第五条公设就可以舍弃了。

但两千多年来,无数的数学家为之前仆后继,没有一个人成功,使用前四条既不能证明第五条正确,也不能证明它错误。

19 世纪 20 年代,俄国喀山大学的数学教授罗巴切夫斯基也为这个难题纠结,他索性采用了另外一种证明方式:由于第五公设实际说的是过一个点只能做一条线与已知直线平行,罗巴切夫斯基索性把它假设为过一点,至少能做出两条线与已知直线平行,他希望自己能在证明中找到矛盾,这样就证明自己的假设错误。

出人意料的是,罗巴切夫斯基推导出了和欧式几何一样严谨的几何,虽然这些

罗巴切夫斯基

几何看起来很奇怪,与人类的感知相悖,但在逻辑上完美无缺,没有任何瑕疵。

经过严谨的思考,罗巴切夫斯基做出了这样两个结论:第一:第五公设不能被前四条证明;第二:如果改变了第五公设,就可以得到一个崭新的几何形式——罗巴切夫斯基几何,简称罗氏几何,也称为双曲几何。

无独有偶,几乎同时期,德国数学家黎曼在研究第五公设的时候采用和罗巴切夫斯基相同的思路,但他把第五公设假设成过一点无法做出一条直线与已知直线平行,同样,黎曼也得到了逻辑完整的几何学——狭义黎曼几何。好在狭义黎曼几何在球面上可以表示,比罗巴切夫斯基几何更容易理解一些。

考虑地球上的两条平行向正北方向延伸的铁轨,虽然这两条铁轨看起来是平行的,但地球的正北方向是一个点,这也就意味着如果延伸到北极点的时候,两条铁轨应该相交,因此,狭义黎曼几何也称为球面几何。

罗巴切夫斯基几何和狭义黎曼几何从不同角度改变了第五公设,得到另外一种完全不同于欧几里得的几何学,所以罗巴切夫斯基几何和狭义黎曼几何又称为非欧几何。尽管非欧几何和人类的观念不同,和人们看到的相悖,但在微观领域的量子力学和宏观领域的相对论中有很大的作用。

在第五公设的探究中,很多数学家模仿罗巴切夫斯基和黎曼,发明了很多改变第五公设的命题,但都是徒劳的。

虽然它们也能形成某种几何,但这些千奇百怪的几何既不直观,也不具有普遍性,更没有研究价值,都慢慢地消失了。

小知识

如果要理解罗巴切夫斯基几何和狭义黎曼几何的逻辑的正确性,我们可以举一个有趣的例子。

老虎是吃肉的,在他们的思维中,只有肉类才是真正的食物,他们可以由此得到很多的结论,这些结论在老虎的世界中是符合逻辑的。同样,在兔子的世界里,草类和其他一些植物是食物,进而得到的结论在兔子的世界中也是符合逻辑的。

我们在欧几里得空间中很难理解非欧几何,就像老虎无法理解植物也能作为食物一样。

46

几何学的统领

广义黎曼几何

　　罗巴切夫斯基对《几何原本》中第五公设的改动，推衍出与欧式几何并行的几何学——罗巴切夫斯基几何。在直觉上，罗巴切夫斯基几何和人的经验相悖，也挑战着人类两千年的对空间和几何的认知。

　　罗巴切夫斯基几何得到的结论很诡异，比如，过直线外一点能做无数条与已知直线平行的直线；三角形内角和小于180°；过不在同一条直线上的三个点，不一定能做出一个圆等。这和欧式几何中"过直线外一点只能做一条与已知直线平行的直线"，"三角形内角和等于180°"和"过不在同一条直线上的三个点，一定能做出一个圆"完全不同。这让整个数学界感到震撼和诧异。

　　其实早在罗巴切夫斯基两岁的时候，高斯就已经开始这方面的研究了，但即便是高斯这样的大数学家，也不敢公布自己的研究成果。而面对庞大的守旧势力，作为晚辈，罗巴切夫斯基几乎得罪了所有数学家，甚至失去了喀山大学的公职，悲惨地死去。

　　在罗巴切夫斯基去世的前两年，即1854年，黎曼得到了哥廷根大学的教授职位，在就职演讲上，黎曼发表了《论作为几何学基础的假设》的演讲，在演讲中，黎曼认为曲面不仅可以作为空间中的几何图形，更可以作为一个空间进行研究，而这些空间中的几何特征很可能超乎人类的直观。在演讲中，黎曼给出了

黎曼

一个例子，也就是后来的狭义黎曼几何。黎曼认为，在不同空间的几何应该统一起来，不管是罗巴切夫斯基几何、狭义黎曼几何还是欧几里得几何，都应该在一种几何的统领下，这种几何就是后来的广义黎曼几何，简称黎曼几何。

　　黎曼几何很抽象，为了理解它，我们可以采用降维的方式用平面进行模拟。我们在纸面上画一个小人，如果这个小人有生命，他也只能在纸面上运动，无法感知

纸面外——即空间的存在。即使你把纸面弯折成曲面，从小人的角度看起来，生活也不会有任何变化。同样，如果我们所在的三维空间发生了扭曲，那么我们也无法感知。这种扭曲会导致几何特征的变化，黎曼正是把各种扭曲的空间放在一起考虑，创造了大一统的几何理论。

事实上，黎曼几何绝非只是理论上的推导。1915年，物理学家爱因斯坦发表了迄今为止代表物理学引力理论的最高水平的广义相对论，就利用了黎曼几何作为研究工具，根据广义相对论，牛顿的万有引力，实际上就是空间扭曲形成的。

在黎曼去世七年后，罗巴切夫斯基几何、狭义黎曼几何和统领各种空间几何的黎曼几何才正式得到数学界的承认，但这时，高斯、罗巴切夫斯基和黎曼等非欧几何先驱都已经去世，谁也没能等到非欧几何被学术界承认的那天。

当今科学界有一种非常盛行的"反直觉"理论：如果新诞生的学说与人类的直觉相悖，不符合人类的认知，一旦被证明正确之后，将会对科技产生重大变革。非欧几何和在它基础之上的黎曼几何就是这样一种"反直觉"的理论，尽管在它诞生后的很多年都被数学家们误解和抛弃，甚至它的创始人也不得善终，但这丝毫不影响黎曼几何的权威性和广适性，因为真理从来不怕不被理解，因为总有一天会被理解；也从来不怕时间的检验，因为经得起检验。

小知识

虽然现代数学的分支众多，但这些分支并不是相互独立的。每个分支借用其他分支的理论和研究方法，不断扩充自己的内涵，代数几何就是利用了代数学的方法研究几何。而在黎曼几何的发展过程中，微分几何发挥了很重要的作用。实际上，现代的微分几何的研究全都是建立在黎曼几何基础上的，而黎曼几何的研究方法，几乎都是来自微分几何。

47

海岸线有多长

分形几何学

法国著名数学家,1993 年的沃尔夫物理学奖得主——曼德尔勃罗特在几十年前提出了这样一个问题:英国的海岸线到底有多长?虽然这个问题可以在地理学的相关书籍中找到答案,但对数学家来说,这个答案未必是准确的。

显而易见,如果用公里为单位测量,不太大的海岬和海边悬崖等一些几十米的曲折都会忽略不计;如果用米为单位测量,海岸岩石与海水连接处的突起和凹陷大约几厘米,也会忽略不计。实际上,如果考虑全部海边岩石的边缘真实长度,由于海岸线曲折蜿蜒,加在一起可能是一个非常大,并且不可以测量的数。如果把这个问题抽象出来,就成为了研究不规则几何形状的几何——分形几何。

如果要理解分形几何,就要先了解维度的概念。在数学中,维度是独立参数数目的意思。以我们所在的空间为例,如果物体移动可以选择上下,也可以选择前后,还可以选择左右,向任何一个位置的移动都可以用这三种方位进行合成。用数学语言表示即为:在空间中建立一个由三个数构成的笛卡尔直角坐标系,移动方向可以由 x 轴、y 轴和 z 轴三个参数确定,而它们之间互相不影响。

除此以外,维度的相关知识也很重要。第一:图形都有自己的维度。比如一个点没有任何方向,所以是零维的;一条直线只有一个方向,所以是一维的;平面有上下和左右的区别,是二维空间;正如前文所说,我们所处的空间是三维。第二:维度之间有着特定的关系,如果考虑二维的平面,我们会发现它可以包括无穷多个一维的直线,而在三维空间中又可以包括无穷多个二维的平面。也就是说,高维度可以包括无数个低维度。第三,低维度的不能度量高维度,我们知道一维长度的单位是米,而二维的面积单位是平方米,我们不能用米作为二维的单位。

有了这些知识,我们再来回顾英国的海岸线问题。尽管我们不确定,但可以明确海岸线确实有维度,下面的问题就是如何寻找维度。因为英国领土所在空间是二维平面(尽管地球是一个曲面,但我们可以近似看成是平面,这并不影响分析),所以海岸线的维度一定小于 2,同时,由于海岸线上有无数条曲折的线,可以看成它包括无数条一维的直线，所以海岸线的维度大于 1。这样我们就推出了海岸线实际的维度是介于 1 和 2，尽管这违背我们的常识，但在逻辑上天衣无缝——一维的长度是无法测量高维度的海岸线。而根据数学家测算，海岸线的维度大约为 1.26。

由于很多图形有着不断重复和迭代的结构，海岸线的任意两点的曲折连线中还有无数个曲折的连线，在它们的维度上研究存在的规律就是分形几何。虽然早在 1919 年，数学家就知道了存在着小数的维度。但直到上个世纪 70 年代，曼德尔勃罗特才开创了分形几何。但分形几何迅速地被化学、气象学等领域应用，尤其是一些没有规律，重复无限次的现象，例如在晶体形成的过程中，在晶体表面会不断反复运作产生更小的晶体颗粒等。

经过几千年的累积，现代数学的复杂程度和逻辑高度已经发展到了很高的层次，如果没有接受过专业的数学训练，就无法理解和掌握现代数学。从这个角度看起来，现代数学离普通人很遥远，但实际上，现代数学并不是遥不可及的，生活中有很多例子都蕴含着深刻的数学原理，给数学家们开创新的数学分支启发，除了海岸线对分形几何的贡献，搅拌咖啡得到的不动点映射理论也是数学家们耳熟能详的例子。

小知识

除了海岸线和晶体形成以外，自然界中有很多分形几何的图形，这些图形表面看起来有独特的形状，放大很多倍后仍然是相同的形状，比如花椰菜，或者某种蕨类植物的叶片。由于分形几何是相同形状，不同大小的图案进行叠加，所以从外观看起来很美观，这也引起了很多艺术家的兴趣，他们纷纷在自己的艺术作品中加入分形几何的元素，而平面设计师更是使用计算机上的绘图软件做出了很多叹为观止的分形几何图形。

48

七桥问题和四色定理

不在乎形状的拓扑学

俄罗斯的加里宁格勒原名哥尼斯堡,在历史上,俄罗斯人和德国人为之争得不可开交,从普鲁士人、波兰人、纳粹德国,一直到现在的俄罗斯人都曾经占领过这个地区。而在数学史上,这座城市也颇有名气,哥尼斯堡七桥问题就诞生在这里,而这个问题也为数学中的新学科——拓扑学打下了基础。

1735 年,在俄罗斯彼得斯堡科学院工作的数学家欧拉收到了一封来信,信是哥尼斯堡的几个大学生寄出的。写信者在信中写道,一条名叫普雷格尔的河流贯穿哥尼斯堡城,在河中心有两个小岛,两岸和岛之间有七座桥,当地人中一直流传着一个数学问题,如何才能从某地出发,恰好通过每座桥一次,又回到起点。欧拉觉得这个问题很有趣,为此在 1736 年亲自到哥尼斯堡实地观察七座桥的位置。欧拉经过了几次尝试后都失败了,他的直觉告诉他,这种走法是不存在的。为了解决这个问题,欧拉进行了深入的研究,终于在当年解决了这个问题。

由于问题的重点在于要一次走完七座桥而不重复地回到原地,所以桥的形状和长度、陆地大小和位置都不重要,只需要把曲线当成桥,把陆地和岛屿用点表示即可。于是欧拉把实物图简化成一个图。这样这个问题就变为了"一笔划"问题。欧拉按照连接曲线的条数把点分为两类,连接奇数条曲线的叫作奇点,连接偶数条曲线的叫作偶点。在一个图中,如果奇点的数量是 0 或者 2,则从一个奇点出发,一定能一次做出"一笔划"。

在七桥问题的研究中,曲线的长度和形状被忽略,只需要确定每条曲线的连接关系即可,这样的问题很多,四色定理就是其中之一。

1852 年,一位年轻的测绘师在研究地图的时候发现,不管区域之间的连接多么复杂,在没有限制的情况下,用四种颜色就可以把不同区域分隔开,但这个问题应该如何证明却不得而知。直到 1872 年,英国数学家凯利向数学会正式提交了这个问题——并且命名为四色猜想,从此四色猜想成为世界数学界关注的焦点。在接下来的几十年里,很多数学家都尝试去证明四色猜想,但都失败了。唯一的成果就是证明了五色定理——五种颜色可以分隔区域。直到 1976 年,美国数学家使用两台计算机,用时一千两百小时证明——任何地图可以用四种颜色分隔,宣告了四色猜想的解决,四色猜想就变成了四色定理。

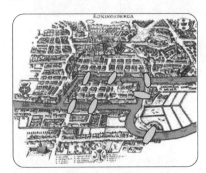

欧拉时代的哥尼斯堡地图,显示了当时七座桥的实际位置。河流和桥梁使用特别的颜色标记出来

七桥问题和四色定理的研究属于拓扑学。拓扑学不注重几何体具体的形态、长度、大小等性质,在拓扑学中正方形可以连续地、"不撕裂地"和"不把任意两端接在一起"变成一个圆、梯形或者一根任何一个中间没有"洞"的图形,如果在正方形中画一个闭合的曲线,在变化中曲线一直保持闭合。在拓扑学中,正方形、圆形和梯形是等价的,它们被称为有相同的拓扑结构,而之间"不撕裂""不把任意两端接在一起"的变化被称为拓扑变化,对于相同的拓扑结构,一定具有某些特征,比如上述曲线保持闭合,就是其中之一,对这些特性的研究,就是拓扑学研究的内容。

实际上,早在 1679 年数学家莱布尼茨就开始研究拓扑学了,而在 18 世纪,欧拉解决了两个拓扑学基础中的问题:七桥问题和多面体公式。

拓扑学的名称是利斯廷在 1847 年创造的,他把希腊文的"位置"和"研究"拼在一起,很形象地表达了拓扑学的原意。根据研究方法,拓扑学发展为用分析研究的点集拓扑学和用代数学研究的代数拓扑学。在此基础上,又发展出同胚、同伦、同调等一系列抽象的概念和理论。

小知识

在拓扑学中,除了七桥问题以外,欧拉还解决了多面体顶点、边和面的关系。

如果设顶点个数是 V,多面体棱的条数为 E,多面体的面数为 F,那么它们之间的关系为 $V+F-E=2$。我们可以选择正方体验证一下,正方体有八个顶点、十二条棱和六个面,正好符合这个规律。

在这里,2 被称为欧拉示性数,这个数是多面体的拓扑不变量,即多面体不管怎么变化,这个数一直固定不变。

49

用点的集合研究拓扑学

点集拓扑学

拓扑学的基础很简单,类似于欧拉的七桥问题和多面体问题,只需要有一定的逻辑性和数学基础就可以做出来,但如果要研究更复杂的问题,比如无数个拓扑等价的图形有什么共同的特点,就要有更深刻的数学工具。

历史进入了 20 世纪,数学家们对集合制定了严谨的规则,发明了空间的概念,从此不用担心数学研究的基础不牢固而出什么问题。同时,泛函分析的出现,让数学家们可以把函数作为元素放在集合中研究。

由于任何空间中的几何都是点构成的,用集合的方法对拓扑学进行分析,就形成了点集拓扑学。不过数学家并不是把点作为集合中的元素进行研究,而是类似于泛函分析,把图形变换的函数作为元素,放在集合中进行研究。

同胚是拓扑学中一个重要的概念。一块黏土可以搓成一个圆球,也可捏成饼状,则这些连续变化产生的图形有相同的拓扑结构,或者叫作同胚;如果在这块黏土中间打个洞,或者捏成长条后首尾连接,形成一个圈,就和圆球不同胚了,因为中间的洞在连续的变化中无法消除,这个洞在拓扑中叫作亏格,洞的数量就是亏格的数量。

如果上述问题太抽象,我们可以看一些具体的例子。在点集拓扑学中,最著名的几何图形是莫比乌斯环和克莱因瓶。莫比乌斯环这个图形是 1858 年德国数学家莫比乌斯和约翰·李斯丁发现的,如果把一张纸条一端扭转 180°后黏到另外一端,就形成了一个只有一个面的奇怪的二维图形,即单侧的光滑曲

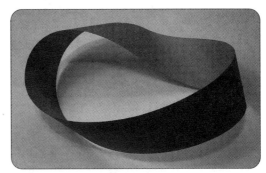

莫比乌斯环

面。莫比乌斯环有很强的拓扑学背景。莫比乌斯环的表面任何一个微小的位置都

可以看成平面,这就是二维空间的一个流形,同时这个二维平面颠覆了数学家一直认为低维度在高维度中要分"正"和"反"。

克莱因瓶诞生时间稍晚于莫比乌斯环,是由德国数学家菲利克斯·克莱因提出的。一般的闭合曲面可以把空间分成两部分,比如一个肥皂泡有内外之分,两部分互相不接触。克莱因瓶的奇妙在于,它是闭合曲面,却不分内外。从瓶口和外部三维空间光滑连接,同时直接伸到瓶子内部。

莫比乌斯环和克莱因瓶一个没有正反,一个不分内外,这让拓扑学家不禁考虑,这两个图形是否有天然的联系呢?实际上,如果把克莱因瓶按照某种规则剪开,就可以变成莫比乌斯环;同时如果在四维空间中把莫比乌斯环剩下的两边连接,就可以变成克莱因瓶,尽管我们身处三维空间,但还是可以通过数学证明出这个结论。

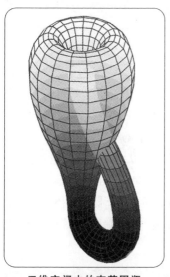

三维空间中的克莱因瓶

数学家们通过研究莫比乌斯环和克莱因瓶,加深了对拓扑学定义的认识,比如亏格的概念就经过延拓,从而适用在以上两个图形中,根据计算,数学家们发现莫比乌斯环的亏格是 1,而克莱因瓶的亏格是 2,如果你有兴趣,可以思考一下这个问题。

伽利略说过,数学是上帝用来书写宇宙的文字。数学因其抽象性,可以描述宇宙中几乎所有事物的特征。同样它的抽象性也能让不同数学门类相结合,最终发展出更新的研究方法。

事实上,尽管数学的抽象性让很多人对其产生误解,甚至望而却步,但数学家们可以排除不相关因素的干扰,研究事物的本质。对很多拓扑学家来说,点集拓扑实在太具体了,他们需要找到更抽象的工具来分析拓扑学。

小知识

鞋带打结也蕴含着深刻的拓扑学原理,甚至在拓扑学中还有专门的组结理论。尽管打结的方式有无限种,但至少可以分为两类:拉动鞋带能解开和解不开的。通过拓扑学的研究,我们可以发现,能拉动解开鞋带的绑定方式都是同胚的,而拉动不能解开的鞋带不一定同胚,道理很显然——死扣的打结方式有很多种。

50

代数拓扑学

捏一块黏土,只要不在中间掏出一个洞,也不把任意两端连接,就可以形成各式各样拓扑等价的图形,如果在黏土表面随便画一条闭合的曲线,只要符合上述捏法,这条曲线永远都是一条闭合的曲线,但这种在拓扑变化中不变的量并不是那么容易寻找的,于是拓扑学家想到,这些拓扑不变量能不能符合某些条件建立的方程组。进一步,能不能把这些不变量变成集合中的元素,在更抽象的条件下研究它们之间的关系。方程组和抽象集合中元素的关系是代数学的范畴,就这样代数和拓扑学联系起来,这就是代数拓扑学。

代数拓扑学有两大支柱支撑:同伦和同调。几何图形在同胚变化前后相同,说明了图形之间同胚,而同伦是把这些同胚变化抽象出来,这些变化相互之间是同伦的,比如一个轮胎可以同胚变成一个有握把的杯子,也可以同胚变成一个没有顶和底的圆筒,这两个变形方式同伦,而同调则是更抽象的概念——把这些同伦的变化放在一个集合中进行研究。大致了解这些概念后我们发现,同胚、同伦和同调越来越抽象,层次越来越高,适用范围越来越广,越来越接近事物的本质。

下面我们来看一道价值一百万美元的拓扑学问题:任何一个单连通的,闭合的三维流形一定同胚于一个三维球面。这句话的意思是,一个没有边界的,亏格为零的三维空间,比如我们现在所在的空间,一定和一个四维空间中球的球面同胚。尽管我们无法想象四维空间的球长什么样,但这个描述还算清楚。这就是法国数学家庞加莱在1904年提出的猜想——庞加莱猜想。

2000年,美国克雷研究所公布了七个问题,称为千禧年数学大奖问题。任何一个人只要能正确解答其中一道题,把答案公开发表在数学期刊上,同时通过其他数学家两年的检验,就可以获得研究所颁发的一百万美元的奖金,而庞加莱猜想就是其中唯一一道拓扑学问题。庞加莱猜想看起来并不是什么难题,但却让无数数学家"竞折腰"。拓扑学已经发展到了代数拓扑学,但看起来似乎对解决庞加莱猜想是不够的。

直到 2002 年，俄罗斯数学家佩雷尔曼在自己的博客中写下了三页简短的证明，宣称自己解决了庞加莱猜想。对很多绝顶聪明的数学家来说佩雷尔曼很了不起，他的天才让人觉得佩雷尔曼一定是来自地球以外，他觉得显而易见的东西在其他数学家看来却是非常艰深。不过佩雷尔曼早已隐居，更不肯为他的证明说太多"废话"去解释，只能等着其他数学家慢慢领会。在很多数学家的共同努力下，佩雷尔曼的思想渐渐清晰，虽然这是一道点集拓扑的问题，但他避开了常规的拓扑学方法，使用了一个叫作瑞奇流的工具，这个工具正是不久以前美国数学家汉密尔顿发明的。

2006 年，克雷研究所宣布庞加莱猜想得到了证明，提供思路和主要证明者是佩雷尔曼。一时间，几乎所有的数学荣誉都投向这个淡泊名利的天才，甚至西班牙国王都要亲自邀请佩雷尔曼，要为他颁数学最高奖——菲尔兹奖，他的成果也成为 2006 年世界上最伟大的十项科技成就之一。

拓扑学从正式提出到现在只有一百余年，数学家们在拓扑学上获得的成就远远无法和分析、代数等学科相比；但拓扑学家们可以站在分析、代数巨人的肩膀上，看得更远。拓扑学也因此发展出几何拓扑、微分拓扑等分支，尝试用更多的方法解决未知的拓扑世界。

小知识

虽然拓扑学是几何学的一部分，但是代数拓扑学和代数几何学的研究内容完全不同。代数几何学重视图形的形状和解析式，如果图形变化，对应的解析式也会发生变化，三角形、正方形和椭圆是完全不同的图形，需要研究它们的共同交点；在代数拓扑中，三角形、正方形和椭圆没什么区别，数学家们只研究图形从三角形变成椭圆形的方法 a、从三角形变成正方形的方法 b 等，以这些方法为集合，研究其中的代数结构。

第六章

数论的发展

初等数论的核心

整除和同余理论

  人类最早对数学的认知是用于计算数量的数字和表示各种形状的图形。人类和其他物种有很多区别,其中最大的区别在于能有目的性地激发好奇心。数字是什么,数字有怎样的特点,这些问题一直困扰着人类,也推动着对数字规律的不懈追求。在有记载的历史上,早在两千多年前,崇尚整数的毕达哥拉斯学派就开始研究数字的规律了,而这种规律被称为初等数论。

  类似 1、2、3……这样的数字可以表示数量,随着数量的增加,这样的数字也越来越多,如果要研究它们就不可避免地对其进行分类。人类发现这些数有的可以一对对出现,比如 2 是 1 的一对,4 是 2 的一对,于是用偶数(双,对的意思)为它命名;另外一种不能表示某个整数的一对,就用奇数命名。很明显,奇数和偶数是利用能不能被 2 整除分类的。

  那么很快就出现了两个方向,一是整数能不能被 2 以外的其他数整除,另一个是不能被整除的数之间有怎样的特点。这两个理论被称为整除理论,而整除理论又分为质数理论和同余理论。

  要理解质数理论首先要明确什么是质数。如果一个数 a 能被 b 整除,就用符号 $a|b$ 表示。我们都知道一个整数一定能被自身和 1 整除,但能不能被其他整数整除呢?数学家发现,类似 2、23 这样的数,只有 1 和自身是它的因子,而 12 还有 2、3、4、6 为因子。于是把 2、23 这样的数称为素数或者质数,12 这样的数称为合数。质数和合数的定义很简单,小学生都能看明白,但对质数的研究却步履维艰,欧几里得已经在《几何原本》中证明了质数有无限个,但即使现在人类目光能到达两百亿光年外的宇宙,也能观测到 10^{-10} 米数量级的原子,但对质数的规律几乎无能为力,可见这个问题的深刻性。

  另外一个方向被称为同余理论。同余的意思是两个数被同一个数除后,得到的余数相同,例如在这里我们可以比较下列数字:

1,2,3,4,5,6,7,8,9,10……

如果考虑被 2 整除，这组数会连续出现余 1、余 0（整除）、余 1、余 0（整除）……这样的规律；考虑被 3 整除，就会连续出现余 1、余 2、余 0、余 1、余 2、余 0……这样的规律。被其他数字除同样会出现这样的数。数学家们根据这个规律研究下去，得到了很多规律。在同余中，数学家们发明简单的符号，比如 3 和 5 被 2 除后余 1，可以写成 $3 \equiv 5 (\bmod\ 2)$。

整除理论的诞生扩充了人类对数字的认识。引起历史上第一次数学危机的希帕索斯被毕达哥拉斯学派杀害事件，就是由整数理论引起的。毕达哥拉斯学派认为，任何数字都可以写成分数的形式，但希帕索斯用很漂亮的证明反驳，而这个证明也被称为数学史上最漂亮的证明之一。

虽然在数论诞生的几千年后，数学界出现了各式各样的数学分支，同时解决了很多问题，但这并不影响数学家们对这个古老分支的偏爱。数学家们认为，其他数学分支用到了很多人类后来发明的工具，只有数论对数本身进行研究，这样的数学是最纯粹的，因此把数论比喻为数学界的女王。不过，女王大人不会那么容易就揭开自己的面纱，还需要数学家们不懈的探索。

小知识

费马在数论上的造诣很深，他提出了两个很重要的定理，费马小定理就是其中之一，费马小定理和中国剩余定理、威尔逊定理，以及数论中的欧拉定理并称为初等数论四大基本定理：如果 p 是质数，并且与 a 互质，即最大公约数是 1，则有 $a^{p-1} \equiv 1 (\bmod\ p)$。在这里我们可以使用一组数进行验证，设 $p=3$，$a=5$，则 $5^2 = 25$，除以 3 余 1。不过，费马在最开始描述定理的时候，加上了 a 是一个质数的条件，实际上，这个条件过于严格，没有必要加入，即如果把上面例子改为 $a=4$，仍然成立。虽然费马提出了费马小定理，但世界上首次证明这个定理是由德国数学家莱布尼茨完成的，由于没有发表，所以具体证明的年代不详，而证明首次被发表则是在定理提出的一百年之后，由欧拉证得，而欧拉采用的方法和莱布尼茨完全相同。

52

几千年的努力

寻找质数的规律

《几何原本》不仅是古希腊几何学的最高成就,也是古希腊数学的最高成就。在《几何原本》的最后几章,欧几里得给出了很多关于初等数论的问题,其中有一个证明非常漂亮,结论也让人浮想联翩:质数有无数个!

既然质数有无数个,那么它们有什么规律呢?为了解决这个问题,数学家们开始了几千年的艰难跋涉,但迄今为止,数学家们对质数知之甚少。只能大致了解质数分布的一些特征。

古希腊时期,成功测量地球周长的埃拉托色尼,采用了一个直观的方法来选择分布在整数中的质数。当时的数学家们在涂满蜡的板子上刻字进行计算,于是埃拉托色尼找到这样一块板子,他把整数一个一个刻在蜡板上,从 1 一直到 100。首先他划掉 2 的倍数,4、6、8……,然后划掉 3 的倍数,3、6、9……,因为 4 的倍数包含 2 的倍数内,已经被划掉了,于是跳过,划掉 5 的倍数,5、10、15……。以此类推,埃拉托色尼一个个地划掉很多数字,剩下的数字就是 100 以内的质数。把合数过滤掉只剩质数,这样的方法好像在使用一个筛子进行选取,因此选择质数的方法叫作筛法。

尽管埃拉托色尼的方法简单直观,但对寻找质数的规律一点办法也没有。像这样先找 2 的倍数,再找 3 的倍数……的方法是多步进行的,而规律一定是一步进行,所以这种方法对寻找质数规律一点帮助都没有。要找到质数的规律,一定要发明新的筛法。只靠"不能被其他数整除"的定义,只能使用埃拉托色尼筛法。如果要建构别的筛法,一定要有更先进的质数理论,其中梅森质数是质数研究的方向之一。

马林·梅森是 17 世纪的法国数学家,当时的欧洲还没有建立专门的科学研究机构,因为梅森的社交能力很强,与很多数学家保持着良好的沟通,所以当时几乎所有的欧洲数学家都要通过梅森这个"中转站"和其他数学家进行交流。1640 年,法国另外一位数学家费马在给梅森的信中写道:"我发现,若一个数字能写成 $2^p -$

1,那么 p 一定是质数;反之,若 p 是质数,2^p-1 不一定是质数。这个重要的结论在未来一定大有用途。"由于梅森对质数研究交流的贡献,数学界把在 p 为质数的条件下,2^p-1 形式的质数称为梅森质数。梅森质数看起来似乎比质数内容多一些,这给数学家们研究质数提供了更多条件,但迄今为止,数学家们借助计算机的力量才找到第 48 个梅森质数,梅森质数是否有简单的筛法,是否有有限个,这些困难仍然困扰着数学家。

质数的另外一个方向是孪生质数的研究。一些类似 3 和 5,5 和 7 这样一对质数,它们之差为 2,这样的质数被称为孪生质数。对数学家来说,孪生质数是很不"友好"的质数们,质数本是乘和除的关系,但孪生质数说明了质数之间还有相加的关系,这对本来就不顺畅的研究雪上加霜。同时数学家们发现,在 1～100 以内还有不少孪生质数,但随着数字越来越大,相邻两组孪生质数越来越远。尽管孪生质数看起来有无穷个,但迄今为止也没得到证明。

数学家们为质数发明了各式各样的"筛子",以求找到规律。在质数碰了壁,转去筛梅森质数,在梅森质数碰了壁,又去筛孪生质数。虽然现在数学家们把分析、代数、几何的工具都用到了对质数的研究上,但研究得越深,却发现自己对质数越无知。质数就是这样不断地吊着数学家的胃口,让人欲罢不能。关于质数的规律,中国数论专家陈景润的一句话蕴含着天机,大意是质数现有的筛法已经到了极致,只有出现更崭新的思想才能有进一步的发展。

小知识

虽然质数的公式现在还不为人知,但人类可以利用计算机验证一个大数是否是质数,其中最通俗简便的算法是利用穷举的方法:把一个大数除以 2,得到一个新的数字,然后用大数除以从 3 开始到这个新的数字中间的每一个整数,如果都不能整除,则说明这个大数是质数。例如,若要验证 1 034 783 这个数字是否是质数,先把它除以 2 得到 517 391.5,然后用 1 034 783 除以 3,看能否整除,然后再除以 4,看是否整除,一直尝试到 517 391。而以现代计算机的处理速度,验证七位数是否为质数连一秒钟都用不了。

53

韩信点兵

中国剩余定理

　　一次,汉高祖刘邦问韩信:"你看我能带多少兵。"韩信看了看刘邦说:"您的水平最多能带十万兵。"刘邦忍住不悦,心想这个韩信也太不给面子了,又接着问:"将军你能带多少兵呢?"韩信自信满满地说:"我当然是越多越好。"听到韩信这么自负,刘邦很不高兴,想给韩信一个下马威:"以将军的水平,一定能解决我关于士兵数量的一个小问题。"韩信满不在乎地答应了。刘邦让手下近千名士兵站在外面,让他们每三个人站成一排,队伍站好后发现最后一排有两个人;变换队形后,每五个人站成一排,最后一排有四个人;再次变换队形,每七个人站成一排,最后一排剩下六个人。刘邦转身过来问韩信:"将军,你看这些士兵有多少人。"本想看韩信难堪,没想到韩信脱口而出:"一千零四十九人。"刘邦大惊,连忙问:"将军是怎么算的?"韩通道出实情:"我年少的时候得到黄石公传授的《孙子算经》,书中有这种问题的算法。"这就是历史上关于韩信点兵的故事。如果我们仔细分析,刘邦的问题不过是简单的同余问题:一个未知数如果除以三余二,除以五余四,除以七余六。如果设士兵数量为 x,我们就可以列出一个同余方程组。

$$\begin{cases} x \equiv 2 \pmod{3} \\ x \equiv 4 \pmod{5} \\ x \equiv 6 \pmod{7} \end{cases}$$

在这里 x 是一个接近一千的整数。

　　韩信与刘邦的对话中提到的《孙子算经》与韩信点兵的问题基本相同,只是数据上有差别:今有物,不知其数,三三数之,剩二,五五数之,剩三,七七数之,剩二,问物几何?答曰:二十三。对于这个问题,《孙子算经》中有明确的算法:3、5 和 7 两两相乘,得到 15、21 和 35,其中 35 的倍数,且满足

韩信

被 3 除余 2 的数是 140;21 的倍数,且满足被 5 除余 3 的数是 63;15 的倍数,且满足被 7 除余 2 的数是 30,最后结果只需要把 140、63 和 30 相加,得到 233。实际上,满足这个同余方程组的数有很多,这时就可以把 3、5、7 相乘等于 105,在 233 的基础上加或者减若干个 105 即可,而书中的 23 就是用 233 减去两个 105 得到。

由于中国在世界上最早提出并解决这个问题,所以这种算法被称为中国剩余定理,又因为出自《孙子算经》,所以也被称为孙子定理。中国剩余定理是世界上少有的被承认的中国首创的定理,它代表了中国古代数学的最高水平,展现了中国古代数学家对数字的深刻认识和在数论上的天赋。实际上,韩信点兵的故事只是民间一个传说。根据历史记载,韩信既精通兵法又熟知数学,还发明了中国象棋,他本人创造及其和他相关的成语有几十个之多,韩信确实是能文能武的全才,但《孙子算经》是在 4 世纪到 5 世纪南北朝时期写成的,韩信死后的几百年才有了这本数学典籍,韩信是断然不可能看到这本书并学习的。不过根据历史考证,唐太宗李世民掌握了中国剩余定理,他在没有登基之前被父亲李渊封为秦王,杀害太子夺取皇位做准备时曾经根据《孙子算经》的方法暗暗计算自己士兵的数量,在历史上被称为秦王暗点兵。

小知识

因为 3、5、7 是除了 2 以外最小的三个质数,因此在孙子定理中,最常出现的是模 3、模 5 和模 7 的等式。同时,中国剩余定理的算法过于繁琐,为了快速计算,明朝数学家程大位用一个儿歌来记忆计算模 3、模 5 和模 7 的中国剩余定理:"三人同行七十稀,五树梅花廿一枝,七子团圆正月半,除百零五便得知。"这个儿歌也被称为《孙子歌》。1852 年,伟烈亚力把中国剩余定理的算法传到了欧洲,二十多年之后,欧洲数学家才发现高斯在 1801 年的算法和中国剩余定理完全相同,只是把这个定理稍微扩大了适用范围,而高斯所处的年代,已经比中国剩余定理的发明晚了至少一千五百年。

54

这个猜想没那么重要

哥德巴赫猜想

1690年，一个名叫哥德巴赫的孩子出生在哥尼斯堡。哥尼斯堡数学氛围浓厚，数学史上著名的七桥问题就诞生在那里。哥德巴赫家庭条件优越，虽然他曾经在牛津大学学习法学，但终生都没有从事法律工作。在年轻的时候，哥德巴赫喜欢游山玩水，毕竟作为一个富二代，在谋生上没有任何压力，没有必要辛辛苦苦地做自己不喜欢的事情。

在一次旅行中，哥德巴赫结识伯努利家族。伯努利家族是欧洲著名家族，这一家族的人几乎都在研究数学，而且出现了很多著名的数学家。

从此，哥德巴赫爱上了数学。他结识和拜访了很多数学家，并和他们成为朋友。在数学家中，哥德巴赫和欧拉的关系最好，两个人保持了三十五年的通信。在1742年6月7日，哥德巴赫在给欧拉的信中写道："我的问题是这样的：随便取一个奇数，比如77，可以把它写成三个质数之和，$77=53+17+7$；再任取一个奇数，比如461，$461=449+7+5$，也是三个质数之和，同时461还可以写成$257+199+5$，仍然是三个质数之和，这样，我发现任何大于9的奇数都是三个质数之和。但这怎样证明呢？虽然做过的每一次实验都得到了上述结果，但是不可能把所有的奇数都拿来检验，需要的是一般的证明，而不是个别的检验。"

欧拉仔细研究了这个问题，感到束手无策，于是在回信中说："这个命题看起来是正确的，但我无法给出证明。"不过欧拉把哥德巴赫提出的问题进行了转换，变成了一个更简洁的形式：任何一个大于2的偶数都是两个质数之和，数学上用(1+1)表示。

显然，如果欧拉的表述正确，那么哥德巴赫的猜想也正确；反之，若哥德巴赫的猜想正确，却无法推出欧拉的正确，也就是说欧拉的猜想比哥德巴赫的猜想实用的范围更广，或者说哥德巴赫的猜想是欧拉猜想的推论。而欧拉的表述也就是数学上最难的问题之一——哥德巴赫猜想。

作家徐迟在1978年撰写了名为《哥德巴赫猜想》的纪实文学，因为文章的主角数学家陈景润在艰难的环境下研究哥德巴赫猜想的事迹，使得哥德巴赫猜想本身在当时社会中成为非常热门的知识，被人们熟知。1966年，陈景润发表了自己关于哥德巴赫猜想的最新进展——（1＋2），即"一个大于2的偶数一定能表示成一个质数和两个质数乘积之和"已经被证明。但（1＋2）的证明到现在已经过去了近五十年，陈景润的结论仍然是世界上最先进的，看来关于哥德巴赫猜想和素数，数学家们还任重而道远。证明哥德巴赫猜想的难度极大，这个猜想的证明被很多人称为"数学王冠上的明珠"；同时，这个猜想表述简单，也被很多人熟知，更有无数的民间科学家乐此不疲地想

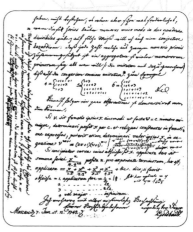

哥德巴赫信件的手稿，原文用德文和拉丁文写成

用初等的方法证明，所以在民间有着极高的威望，很多普通人甚至认为哥德巴赫猜想是数学史上最重要的猜想。实际上，数学家们对哥德巴赫猜想并没有很积极的态度。就目前来讲，一方面，其他科学对数学的应用已经达到了极致，而数论也仅仅在密码学上得到了应用，但哥德巴赫猜想没什么用途；另一方面，很多数学猜想的内涵丰富，如果被证实会解决一系列的数学问题，甚至对数学产生变革，但哥德巴赫猜想相对孤立，和其他问题无关。

因此，哥德巴赫猜想并没有重大意义，仅仅是一个难题，它的流行是因为被不懂数学的人高估了。

小知识

尽管哥德巴赫猜想并没有得到解决，但数学家们还是致力于解决和哥德巴赫猜想内容接近的猜想，力求找到解决哥德巴赫猜想的线索，弱哥德巴赫猜想就是其中之一：任何一个大于7的奇数都可以表示成三个质数之和（质数可以重复使用），这个猜想之所以被称为弱哥德巴赫猜想，是因为它是哥德巴赫猜想的必要条件，即如果哥德巴赫猜想成立，则它一定成立；若弱哥德巴赫成立，则哥德巴赫猜想不一定成立。

关于弱哥德巴赫猜想的最新进展是法国数学家、巴黎高等师范学院研究员哈罗德·赫欧夫在2013年5月宣布这个猜想彻底得到证明。

55

用分析学研究数论
解析数论的诞生

几百年前,数学家们就发现了初等数论的局限性,这个工具太简单,用它研究素数就像是要一只蚂蚁和一头大象打架,根本没有战胜的可能,于是数学家们希望找到新的工具来研究质数,完善整个数论的框架。在这个过程中,欧拉和狄利克雷做出了巨大的贡献,他们用复变函数的方法分析数论,创造了解析数论。

1728 年,瑞士数学家莱昂哈德·欧拉出版了专著《分析引论》。在书中,欧拉给出了一个公式:对于任何实数都有 $e^{ix} = \cos x + i\sin x$,如果令其中 $x = \pi$,则得到了 $e^{i\pi} + 1 = 0$,这就是著名的欧拉恒等式。欧拉恒等式的奇妙之处在于,它把数学中最基本的几个数:整数单位 1,虚数单位 i,最普遍的 0,和两个最基本的超越数 e(e 是无线不循环小数,$e \approx 2.718\,28$)和 π 以非常简单的形式联系在一起,让人难以置信。有的数学家曾经说过,欧拉恒等式是最优美的数学公式,是上帝创造的公式,我们只能欣赏它而不能理解它。

欧拉的工作引起了狄利克雷的兴趣。狄利克雷发明了两个解析数论中重要的数学工具——狄利克雷(剩余)特征值和狄利克雷L-函数。

奠定复变函数在解析数论中研究的地位是黎曼。黎曼发现,沿着狄利克雷的路径走下去可以得到形为 $\zeta(s) = 1 + \dfrac{1}{2^s} + \dfrac{1}{3^s} + \dfrac{1}{4^s} + \cdots\cdots s$ 是复数,这样的函数。这个函数称为黎曼 ζ 函数。黎曼认为,如果 s 实部大于 1,则这个函数可以延伸到复平面上,新的函数在复平面上是全纯函数。黎曼的这个结论,成为解析数论中一个重要的猜想——黎曼假设。尽管黎曼假设是 1858 年提出的,也在计算机上经过了十五亿次的验证,但目前仍然没有被证明,为此,美国克雷数学研究所把这个问题也列入七个千禧年问题,并悬赏一百万美元。

既然数论主要研究对象是质数,那么解析数论的工作都要围绕这个物件。借助黎曼 ζ 函数,数学家们发现,虽然素数没什么规律可循,但整体上看,质数的数量似乎满足某种规律,于是用 $\pi(x)$ 表示不超过 x 的素数的个数,比如 6 以下的质数有 2、3、5 三个,则 π(6)=3,试图找到规律。

19 世纪,高斯和勒让德提出了解决问题的线索。在 1896 年,阿达马用解析方法证明了 π(x) 的性质:当 x 越来越大时,π(x) 和越来越接近。尽管得到了大致性质,而质数公式的解决看起来遥遥无期,但数学家们并不满足,他们希望找到更接近公式来表达 π(x),而在 1949 年,数学家们竟然使用了中学生都能掌握的初等数学方法证明了这个 π(x) 和 $\dfrac{x}{\ln x}$ 的关系,成为数学家们茶余饭后津津乐道的事情,当然这个证明非常复杂。

随着复变函数的发展,解析数论也在发展,数学家们利用函数的工具做出了很多震惊世界的证明和结论。在证明哥德巴赫的过程中,陈景润就使用了解析数论成功解决了"1+2"。同时,数学界对黎曼假设的解决非常期待,有数学家估计,如果黎曼假设得到证明,那么在追寻质数规律的道路上,人类将迈出相当重要的一步。

小知识

　　几千年来,数学家寻找质数无非用两种方法,筛法和圆法。筛法在古希腊时期就被发明出来,圆法是一百年前英国数学家发明的,而现在数学家们使用的大多数是改进以后的圆法。2006 年,澳大利亚数学家陶哲轩获得了菲尔兹奖,他的主要成就就是使用 Gowers 的成果创造出了一个新的研究质数的方法,证明了存在着任意一个长度的质数的等差数列。数学家对陶哲轩的工作有着极高的评价,认为他的方法是独立于筛法和圆法的第三种方法。

56

费马的难题

代数数论的诞生

在古希腊时期，数学家丢番图提出了一个重要的方程：

$$a_1 x_1^{b_1} + a_2 x_2^{b_2} + \cdots\cdots + a_n x_n^{b_n} = c$$

这个方程中，所有的字母系数均为整数，被称为丢番图方程。这个方程是否有解，解的数量有限还是无限，能否找到所有的解，所有的解是多少等问题一直困扰着数学家。

丢番图方程是一个非常精妙的代数学问题，看起来简单，但内容却深刻隽永，无数数学家为之前仆后继，其中最著名的就是法国的皮埃尔·德·费马。

严格来说，费马是 17 世纪法国的一位律师，数学研究只是他的爱好。虽然业余研究数学，费马的数学水平却不业余，他在解析几何、分析学和代数学上均有很大的贡献，是 17 世纪最多产的数学家，因此被数学史学家贝尔称为"业余数学家之王"。

皮埃尔·德·费马

1621 年，费马在巴黎买到了 3 世纪古希腊数学家丢番图撰写的《算术》一书，很快他就对其中的丢番图方程产生了兴趣。为了解决丢番图方程问题，费马几乎投入了全部业余时间。

费马有一个特殊的癖好，他习惯在数学书上进行演算和证明，因此他的很多成果都写在了书中段落的空白处。费马逝世后，他的儿子在整理遗物的时候发现，费马在《算数》中关于丢番图方程的章节中写下这样的一段话：

"关于特殊的丢番图方程 $x^n + y^n = z^n$，当 n 是大于 3 的整数，这个方程不存在整数解。关于这个问题，我有一个非常巧妙的方法，但这个地方太小了，我写不下。"

这个问题看起来很有趣。如果 $n=2$，这个方程的根就是一组勾股数，比如 $3^2 + 4^2 = 5^2$，再比如 $5^2 + 12^2 = 13^2$，很多整数都满足这个方程。

但如果 $n \geqslant 3$,费马认为没有整数解。

既然费马说他有一个巧妙的证明,那就说明这个问题并不是太难。出乎数学家意料的是,虽然狄利克雷等数学家陆续证明了当 n 为某些整数的时候,费马的猜想是正确的,但谁也没有找到他所说的"巧妙的方法"来证明所有大于 3 的 n 都成立。而这个问题也被称为费马大猜想。

抽象代数诞生后,数学家们开始使用更高级的群、环和域进行研究。

他们一边推动着代数学的发展,一边研究质数的特征,同时希望能产生更多更新的结论来证明费马大猜想。

直到 1844 年,数学家库默尔证明:当 n 是小于 100 的质数时,费马大猜想成立。库默尔的证明完全采用抽象代数的方法,也象征着用代数研究数论——即代数数论正式登上数学舞台。至此,数学家们才恍然大悟,费马所说的"巧妙的方法"根本不存在,他之所以这么写是因为证错了。

费马和数学家们有意无意开了个玩笑,让数学家们忙碌了三百多年。但从代数数论的发展来看,这三百多年是非常值得,也是非常必要的。代数数论诞生后,数论的两大研究方法——代数数论和解析数论成为寻求质数规律的数学家们的左膀右臂,两者相辅相成,缺一不可。同时,在代数数论的推动下,费马大猜想也有了突破性进展。

1995 年,来自牛津大学的安德鲁·怀尔斯爵士最终证明这个猜想,费马大猜想从此盖棺定论,成为费马大定理,也被称为费马最终定理。

在专业数学家证明费马大定理的时候,很多"民间数学家"也没有闲着。所谓"民间数学家"是指那些没有经过专业学习,用初等方法尝试进行数学证明和发明创造的人,他们乐此不疲地用初等数论"证明"费马大定理,甚至有人宣称自己完成了费马大定理的证明。这些不具有任何数学专业知识的"民间数学家"们甚至连代数数论这个名词都没有听过,却轻视和妄想颠覆几百年数学家的积累,这无疑是螳臂当车、以卵击石,他们的行为也成为专业数学家的笑柄。

小知识

代数数论可谓是所有现代数学分支中的另类,研究它并不需要有太多的数学基础知识,只需要学习近世代数和初等数论就可以上手研究了。

尽管如此,但这并不意味着代数数论很简单,有很多研究都要利用到其他数学家的工作成果,同时要关注代数数论的最新进展,才有可能做出成绩。

如果把费马大定理按照贡献进行划分,怀尔斯和他的团队占有百分之四十的贡献,而谷山丰和志村五郎占有剩下的百分之六十,这充分说明了其他数学家工作成果的重要性和参考价值。

57

不能用代数方程解出来的奇怪数

超越数论

在研究丢番图方程的时候,有的数学家采用相反的方向思考:什么样的数不能作为丢番图方程的解呢? 如果思考最简便的二次方程 $ax^2+bx+c=0,a\neq0$,这个方程可以有有理数解,也可以有无理数解,甚至还可以有复数解。这样看来,似乎所有的数都能成为丢番图方程的解。

在 1748 年,欧拉出版的《无穷分析引论》的第一卷第六章中,欧拉写下这样一句话:"如果一个数 b 不是底 a 的幂,它的对数就不再是一个无理数。"在这里,欧拉所说的数是整数,他的意思是,如果一个整数 b 无法写成了类似于 3^a 这样底数和指数是整数的形式,那么 $\lg b$ 就是一个崭新的数字。这个数被命名为超越数。而关于超越数的理论,称为超越数论。

超越数是一种特殊的无理数。数学家们发现,超越数和丢番图方程有很大的联系。甚至和丢番图方程的解是等价的:无法作为丢番图方程的解的数是超越数。但欧拉在《无穷分析引论》中没有证明他的结论,历史上第一个找到超越数的是法国数学家刘维尔,他在 1851 年才找到一个无限小数 $a=0.110\ 001\ 000\ 000\ 000\ 000\ 000\ 000\ 001\ 000\cdots\cdots$刘维尔成功地证明了这个数无法作为丢番图方程的解,所以这是一个超越数。几千年来,数学家们只能把实数分成有理数和无理数,刘维尔的发现使实数出现了崭新的代数数和超越数。

但在刘维尔发现第一个超越数后,数学家一直没有找到第二个超越数。虽然在数学上,大多数证明定理都比验证要困难。比如我们可以验证方程的一个根,只需要把它代入即可,但要解方程就相对困难一些;超越数正好相反,它就好像天上的星星,天文学家只能在几十上百光年外去观望,却无法触摸,它的建构和验证都是极难的。不过二十年之后,集合论的鼻祖康托尔得到了一个震惊的结论——代数数和整数一样多,都是可数的,只占不可数的实数的很小一部分——事实上,这个结论虽然违反人类的直观认知,却被证明得天衣无缝。

直到 1873 年,法国数学家埃尔米特证明自然对数的底 e 是一个超越数。1882

年,德国数学家林德曼证明了圆周率 π 是一个超越数。林德曼的结论让数学界大吃一惊,他的结果意味着古希腊三大作图问题中最后一个问题——化圆为方,被彻底解决——这是不可能做出来的。

想要理解这个结论很简单,首先我们要明确标尺作图可以做出什么。在数学中,直尺和圆规有做一条垂直线段、二等分一个角等八种基本作图方法,复杂的作图题都是由这八种方法进行合成。如果仔细思考,这八种方法只能对一个数量进行加减乘除(比如延长一个线段到两倍长度就是乘以 2)和开方运算(比如做出一个正方形的对角线)。而加减乘除和开方运算正是丢番图方程涉及的全部运算,所以标尺作图再强大,也只能处理代数数问题,根本无法解决超越数 π,自然也不能做出包含 π 的化圆为方了。至此,超越数理论成功地为三大几何作图问题盖棺定论。

数学家对超越数的研究源自对丢番图方程的研究,而对丢番图方程的研究源自对质数的研究,数学家在超越数的道路上越走越远,越来越偏离最初的目的——寻找质数的规律,但这并不意味着超越数数论是没有意义的。在数学的研究上,只有意义大和意义小的区别,不存在绝对没有意义的分支学科,更何况数学超前于其他学科发展,很多现在看来没有意义,但可能在未来大放异彩。

小知识

实数可以分为有理数和无理数,也可以分为代数数和超越数。实际上,所有的有理数和小部分无理数是代数数,大多数无理数是超越数。如果用丢番图方程来定义,我们知道有理数 0.5 和无理数 $\sqrt{2}$ 这样的数是代数数,因为它们分别是丢番图方程 $2x-1=0$ 和 $x^2-2=0$ 的根;而不管我们怎么建构丢番图方程,都无法让 π 和 e 成为方程的根,这两个数就是超越数,但这种尝试的方法无法证明 π 和 e 的超越性,因为我们不可能把所有丢番图方程都尝试一遍。

58

怀尔斯的最后一击

费马大定理的解决

1963年夏季的一天,十岁的安德鲁·怀尔斯在他家附近的街道上玩耍,炎热的天气让怀尔斯头晕目眩,他决定到附近的图书馆避避暑——怀尔斯的家在英国剑桥,随处可见的图书馆成为怀尔斯经常"光顾"的地方。

怀尔斯在图书馆百无聊赖,就拿出一本数学书看起来。这本书不需要很深的数学基础就能看懂,这让怀尔斯很高兴——毕竟对一个十岁的孩子来说,能看懂数学书是一件了不起的事情。很快,怀尔斯就被其中一道问题吸引住了。

费马猜想的终结者怀尔斯

"费马大猜想:关于特殊的丢番图方程 $x^n + y^n = z^n$,当 n 是大于 3 的整数,这个方程不存在整数解。"

三百多年来,没有一位数学家能证明费马大猜想。怀尔斯心里琢磨:这个问题看起来太简单了,我要是解决了这个问题,就能成为厉害的数学家。想到这里,怀尔斯也顾不得玩了,他放下书飞奔回家,开始他的"研究"。就这样,怀尔斯把所有的时间都放在了尝试证明费马大猜想上,甚至上课的时候也不听课了。

结果可想而知,年幼的怀尔斯在费马大猜想的证明上浪费了整整一年时间,却毫无所获。但这一年的努力让他明白一个道理:看起来越简单的猜想,做起来会越难。费马大猜想不是他这个年龄的孩子能解决的,需要更多更高深的数学知识。不过怀尔斯也坚定了自己的信念,长大了一定要在费马大猜想上有所斩获。

解决费马大猜想信念的火种在怀尔斯的心中从未熄灭,他先后在牛津大学和剑桥大学获得了硕士和博士学位,还被美国普林斯顿高等研究院聘请为高级研究员,这时的他已经成长为代数数论方面国际顶尖的专家了。但十岁时受挫于费马大猜想让怀尔斯一直耿耿于怀,这个猜想什么时候才能得到解决呢?

证明费马大猜想实在太难了，难到全世界没有人愿意去触碰，几乎所有的数学家都认为费马大猜想在近百年内无法解决，甚至如果有人宣称自己正在研究费马大猜想，都会被其他数学家耻笑自不量力。在这种悲观的环境下，一个消息让怀尔斯感到无比振奋：有的数学家宣称谷山-志村猜想似乎和费马大猜想有某种关系。

　　谷山-志村猜想是几十年前日本数学家谷山丰和志村五郎研究椭圆曲线时提出的。怀尔斯决定从这里下手，先证明它能推出费马大猜想，再证明谷山-志村猜想。这样就可以证明费马大猜想了。为了防止其他人干扰，怀尔斯决定隐瞒自己的计划，只告诉了自己的妻子，而妻子也成为他唯一的精神支柱。经过七年艰苦的奋战，怀尔斯终于解决了费马大猜想，他决定用这个证明来争取当年的数学最高奖——菲尔兹奖。

　　当怀尔斯宣布自己成果的时候，国际数学界一片沸腾，数学家们不仅为怀尔斯感到高兴，同时也为猜想的最终解决而兴奋——毕竟这个问题困扰了数学家三百多年，而且数学家们早已对其丧失斗志。当怀尔斯的论文分发给其他数学家检查的时候，各种荣誉也纷至沓来，甚至一家高档制衣公司看上了怀尔斯儒雅的气质和修长的身材，聘请他当全球形象代言人。菲尔兹奖委员会也在静静等待其他数学家检查的结果，准备在国际数学家大会上把这个奖颁发给怀尔斯。

　　令人沮丧的是，怀尔斯的证明有若干处错误，虽然他成功地弥补了一些，但有一个错误实在弥补不了。在媒体聚光灯下，怀尔斯只能承认自己暂时无法解决这个问题。这时，国际数学家大会召开了，由于证明仍然有问题，怀尔斯与菲尔兹奖失之交臂。

　　在这种情况下，怀尔斯的妻子给了他无限安慰，而怀尔斯的博士研究生查理·泰勒也加入了证明猜想的队伍中，终于两人尝试了两百多种方法弥补了这个漏洞，至此费马大猜想得到解决，更名为费马大定理，也叫费马终极定理。

　　安德鲁·怀尔斯此时已经年过四十岁，超过了菲尔兹奖要求的年龄，为此国际数学家大会特意为他制定了菲尔兹特别奖，以表彰他在费马大定理证明上的杰出贡献。同时，怀尔斯还获得了沃尔夫数学奖——数学终身成就奖。沃尔夫奖的得奖平均年龄在七十岁以上，而怀尔斯是得奖者中年龄最小的，可见他的贡献之大。

第七章

代数学的发展

59

输油管线的问题

最小二乘法

　　某地要建设一根直线形状的输油管,给附近的若干个地点传输油料,应该怎样安排输油管才是最省材料呢? 我们可以简化一下这个问题:在平面上有若干个点,做一条直线满足这些点,并且边距离是最短的。关于这个问题的解决方法,在几百年前就已经有了结论,德国数学家高斯和法国数学家勒让德分别独立做出了这个结果,这个方法被称为最小二乘法。

　　最小二乘法中的最小并不难理解,意为取最小。如果平面直角坐标系中有两个点,这两个点连线的中垂线满足到两点距离最短;如果是三个或者三个以上的点,这个问题就需要利用最小二乘法了,假设平面上有三个点,这条直线一定把这三个点分布在两侧,最单纯的想法是取每个点到直线的距离,并且把这些距离加在一起取最小值。但这产生了一个新的问题,有的点在直线的这一侧,有的在那一侧,在数学上计算距离就会出现有正有负的情况,比如三个点到一条直线的距离分别是 3、−1 和 −2,而到另外一条直线的距离分别是 1,1 和 −1,可以发现,如果按照数学上计算的距离计算,前者之和 0 小于后者的 1,但实际情况却是前者距离之和 6 大于后者之和 3。为了解决这个问题,最小二乘法中计算平方后的距离之和,这样就能保证距离最小了,这里的二乘就是平方的意思。

　　和微积分的发明一样,在最小二乘法的发现上,出现了一场创始人的争论,争论的双方是阿德利昂·玛利·勒让德和约翰·卡尔·弗里德里希·高斯。高斯是公认的"数学王子",在整个数学史上有着极高的声望,而勒让德也实力超群,当仁不让。勒让德是 18 世纪法国著名的数学家、巴黎科学院院士、伦敦皇家学会会员。勒让德在数学上的成果颇丰,在数论、微积分、几何学等方面有很大的贡献,是椭圆积分理论的奠基人之一。数学家把勒让德和其他两位同时期的数学家:拉普拉斯和拉格朗日一起称为"3L 数学家"——他们姓氏的第一个字母都是 L。

　　1806 年,勒让德在自己的专著上宣称自己发明了最小二乘法,看到勒让德的成果高斯大吃一惊,这个结论自己早在几年前就做出来了,只是没有发表。于是高斯整理了自己的成果，在三年之后即 1809 年也发表出来。照道理来说，一个理论的发明都是以公开发表为准，勒让德先公布，最小二乘法当然应该算是他的贡献，可是当时的高斯在数学界光芒万丈，尽管他的成果多如牛毛，但很多非法国籍数学家宁可把这个贡献归功于高斯，为之锦上添花，也不愿承认是勒让德最初发明的。数学家们在某一个问题上选边站，这种现象并不鲜见，但勒让德还是感到很郁闷。为了平息这个争论，为自己正名，在 1829 年，高斯提供了一个关于最小二乘法的结论确实优于其他任何一种方法的证明，在数学上被称为高斯-马尔可夫定理。

　　严格来说，最小二乘法是计算数学的内容，但在这个方法中，高斯采用了一种叫作高斯消去法的计算方法，为多元一次方程组提供了机器的证明形式，从此计算机也能根据既定的程序计算线性方程组的解了，这也算是最小二乘法为代数学发展做出的贡献。现在我们使用的数学专用计算器能迅速求解出多元方程组，就是采用了高斯消去法进行计算的。

小知识

　　我们可以用一个简单的例子来说明最小二乘法的应用。三个村庄要联合挖一条直线型的水渠，要求直线到三个村庄距离都比较近，这条直线应该如何确定呢？假设在平面直角坐标系中，三个村庄的坐标分别为 $(0,1)$、$(1,3)$ 和 $(2,2)$，这条线应该在三个村庄之间。

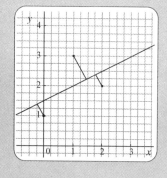

　　设这条直线的方程是 $y=kx+b$。首先求出三点横坐标和纵坐标的平均值 $\bar{x}=\dfrac{0+1+2}{3}=1$，$\bar{y}=\dfrac{0+3+2}{3}=\dfrac{5}{3}$，然后根据公式求出：

$$k=\frac{\sum_{i=1}^{n} x_i y_i - n\bar{x}\bar{y}}{\sum_{i=1}^{n} x_i^2 - n\bar{x}^2}=\frac{0\times 1+2\times 2+1\times 3-3\times 1\times \dfrac{5}{3}}{0^2+1^2+2^2-3\times 1^2}=0.5,$$

把计算好的平均值 $\bar{x}$、$\bar{y}$ 和 k 代入直线方程，求出 $b=1.5$。这样，我们就求出了这条直线 $y=0.5x+1.5$。

60

计算线性方程组的方法
高斯消元法

在数学上,一部分数学家致力于发明新的数学理论和工具来解决问题,而另一部分数学家则把精力放在找到通用的方法来处理问题。比如中国著名数学家吴文俊在几何的机器证明上有着突出的贡献。在机器计算的方法上,最值得称道的是高斯消元法。

高斯消元法是"数学王子"高斯在解决线性方程组求解时使用的一种方法。线性方程组又称为多元一次方程组,这种方程最简单的形式 $ax+by=c$ 在平面上表示一条直线,因此得名。这个方法很简单,只要具备了小学数学的水平就可以理解。

我们以这样一个方程组为例:

$$\begin{cases} 2x+y-z=8 \\ -3x-y+2z=-11 \\ -2x+y+2z=-3 \end{cases}$$

先把第一个方程乘以相应的倍数加在第二个和第三个方程上,消掉其中的 x,得到:

$$\begin{cases} 2x+y-z=8 \\ y+z=2 \\ 2y+z=5 \end{cases}$$

然后把第二个方程乘以相应的倍数加在第三个方程上,消掉其中的 y,得到:

$$\begin{cases} 2x+y-z=8 \\ y+z=2 \\ z=-1 \end{cases}$$

用第三个式子消掉第二个式子中的 z,把第二个和第三个式子中的系数变成1,得到:

$$\begin{cases} 2x+y-z=8 \\ y=3 \\ z=-1 \end{cases}$$

把第二个和第三个式子乘以相应的倍数加到第一个式子,消掉 y 和 z,把第一个式子中的系数变为 1,得到:

$$\begin{cases} x=2 \\ y=3 \\ z=-1 \end{cases}$$

这个方法简单易懂,只采用了初等数学中的加减消元法,就给方程组的每个方程只留下一个未知数,剩下的都消去了。同时,系数化一以后,方程组的解会直接算出来,非常方便。同

1838 年出版的天文学通报中高斯肖像

时,有的方程组没有解,有的方程组有无数个解,都可以通过这个方法判断。更重要的是,不管线性方程组有多少个未知数,有多少个方程,高斯消元法均能使用。

在实际操作中,高斯消元法往往忽略掉未知数,而是把这些未知数提取出来做成一个方阵——矩阵进行计算,例如本题中的矩阵为:

$$\begin{bmatrix} 2 & 1 & -1 & 8 \\ -3 & -1 & 2 & -11 \\ -2 & 1 & 2 & -3 \end{bmatrix}$$

经过一系列变形后变成

$$\begin{bmatrix} 1 & 0 & 0 & 2 \\ 0 & 1 & 0 & 3 \\ 0 & 0 & 1 & -1 \end{bmatrix}$$

这种计算看起来更简便,而这些变换方法,被称为矩阵的初等变换。

现在我们的问题是,这种计算方法实在太简便了,难道这种方法在高斯的年代才发明?实际上,在 17 世纪,莱布尼茨在研究方程组的时候就采用了这个方法,而且他采用的是简化后的,也就是矩阵的写法,从此以后矩阵变成了数学家们解线性方程组必备的数学工具了,而这个工具也一直沿用到今天。

不过最早采用高斯消元法的也不是莱布尼茨,而是来自中国的数学家们。在公元 1 世纪成书的《九章算术》中就有高斯消去法了,而且莱布尼茨的方法和它完全相同。我们无法猜测莱布尼茨是独立思考出的这个方法和解题形式,还是参考了中国古老的数学书,但《九章算术》中的记载确实是这样的。

《九章算术》影宋本

《九章算术》中的第八章名为《方程》，和现代的名称一样，讲述的就是关于多元一次方程组的问题。除了用高斯消元法求方程组的解外，这本书在世界上首次提出了正负数的概念，并创造了正负数的加减法和乘除法。而在西方，直到一千年后才出现这种正负数和它们的计算。

《九章算术》共分为九章，第一章名为《方田》，讲述了计算各种田地面积的方法和数字的基本运算；第二章《粟米》，讲述了粮食兑换需要的比例；第三章到第九章分别讲述了开平方和开立方、求体积、工程分配、税负计算的合分比定理、盈亏问题、方程和勾股定理。书中的内容深入浅出，全都是围绕着生产活动相关的数学展开的，《九章算术》代表了中国从周朝到汉朝数学的最高成就，也成为每一个中国古代数学家必须钻研的著作。

小知识

数学家们在发挥他们想象力创造出各种数学分支和研究方法的时候，也在考虑如何将自己的方法程序化，让计算机也能理解并运算。高斯消元法是目前解决线性方程组最有效的方法，在很多计算软件甚至科学计算器中，都采用这种方法求解线性方程组。

61

天元术和增乘开方法

一元高次方程的列式和求解

在代数学中,列方程和解方程是两个重要的命题。在宋元时期,在一元高次方程式的列式和求解上中国就处于世界领先地位了。不过由于古代没有现代的数学符号,在列式和求解上,古人发明了不同于现在的表示方法——天元术和解题方法——增乘开方法,非常有趣。

根据历史数据记载,早在 13 世纪之前,中国就出现了天元术。但由于战火连年,关于天元术的著作都已经失传。直到 1248 年,金代数学家李冶撰写了《测海圆镜》中,我们才有机会窥见天元术的真实面目。

现在一元高次方程 $x^3 + 336x^2 + 4\,184x + 2\,488\,320 = 0$ 这样的形式,在天元术中表示成

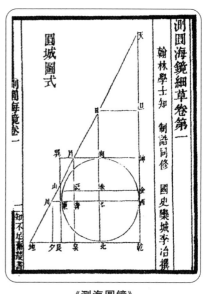

《测海圆镜》

通过这个图片和方程式,我们可以对应找到两者之间的关系。

第一,在图片中只表示方程每一项的系数,而忽略未知数;其次,从上到下的算筹表示了未知数从高次到低次的系数,第一行表示的是 x^3 的系数 1,第二行表示

x^2 的系数 336；第三，为了确定哪行是系数项，哪行是常数项，采用了"元"字进行标记，表示这一行及以上行是 x 的系数，下一行是常数项（也有的典籍用"太"字标记，表示这一行是常数项）；第四，在数字的表示上算筹采用交错摆放的形式，以数字 3 为例，在 336 中，十位的 3 采用横向摆放，而百位的 3 采用了纵向摆放，其余数字也相同，零单独画一个圈表示。

有了天元术，中国古代的数学家就能表示所有的高次方程了，但即便是这样，在语言描述上似乎也有些困难，毕竟 x 的几次方不那么容易表达。为了用文字快速地表达出 x 指数幂的形式，李冶沿用了古人的称谓，把 x^9、x^8……一直到 x^{-9} 分别依次称作仙、明、霄、汉、垒、层、高、上、天、人、地、下、低、减、落、逝、泉、暗、鬼。这样在描述方程的时候就变得简单很多。

列出方程后方程需要求解。一个普通的一元二次方程 $ax^2+bx+c=0$，可以通过配方变成 $y^2=d$ 的完全平方的形式，而部分的二次以上方程也可以变成完全 n 次方式，为此，北宋数学家贾宪发明了贾宪-杨辉三角，给出了一个完整的配方过程，这样解方程的问题就转化为对已知数量的开方。

对已知数开平方和开立方工作也是由贾宪完成的，他发明了一种叫作增乘开方术的方法，分为增乘开平方术和增乘开立方术，给出一个详细的开根方法：在平面上摆放商、实、廉和下法四行，商是最后的答案，实是被开方数，廉和下法用于具体的演算过程。南宋的秦九韶曾经利用这个方法，加上自己发明的降序，甚至最多解过一元十次方程！虽然贾宪的原著已经失传，但南宋的杨辉把这个方法记录在自己的书中，并在后世被永乐大典收集，这才保留了下来。

在代数学和计算数学方面，古代中国的水平要远远高于同时期的其他国家；但在公理化体系的完善和新理论的创新上，却比西方要弱。和西方人相比，中国人不善于思辨，但擅长算法，这一方面源自中国教育模式的问题，也和千年的习惯不无关系。如果把这个特点推广在科学研究上，得到的结论是中国人更适合做高精尖的产品，而不善于开创发展新的理论，因此有的评论家说，中国未来是美好的，虽然无法按照美国的开拓创新的模式走下去，但可以模仿德国和日本的科技模式，在已有的体系下做到极致。

62

朱世杰和四元术
四元四次方程组的求解

13世纪末期,扬州来了一位教书先生。和其他教书先生传授读书写字、唐诗宋词不同,这位先生教授的是数学。在当时懂数学的人凤毛麟角,虽然普通人用不上数学,但富庶的江南地区大户很多,一些条件好的贵族公子百无聊赖,也来学习这个新鲜玩意儿。这位先生就是宋元时期四大数学家之一——朱世杰。

朱世杰,字汉卿,元大都(今北京)人士,是元朝著名的数学家。和他并称的其他三位宋元时期的大数学家贾宪、杨辉和秦九韶都是朝廷官员,而朱世杰却只是一介草民,没有任何政治地位,但这毫不影响他宣传自己的数学知识,因为他就是以传授数学知识为职业。

朱世杰最突出的贡献是发明了四元术——四元四次方程组的解法。在朱世杰之前,秦九韶等人已经解决了部分一元高次方程的求解问题;而在秦汉时期,《九章算术》中也完美解决了多元一次方程组的求解问题,朱世杰把它们结合起来,建构起难度更大的四元四次方程组的解法。

方程中的未知数叫作"元",未知数的指数叫作"幂",四元术的主要思想是降幂降元:把四元四次方程组先变为三元三次方程组,然后用同样的方法变为二元二次方程组,最后变成简单的一元一次方程进行求解。

朱世杰的算筹摆放方法和天元术不同,他采用了"天"、"地"、"人"和"物"来表示未知数,并且在常数的上、下、左、右分别摆放算筹,经过一系列程序进行旋转草图和摆放算筹,最后获取答案。

朱世杰在《四元玉鉴》中记录了七个四元四次方程组的问题,虽然每个问题都用四元术解决,但其中的解题过程却不甚详细,以至于后世的数学家们知道四元术的大意,却不知道当年朱世杰是如何进行具体运算的,这就让清朝的数学家沈钦裴和李善兰等各执一词。

四元术是中国古代代数学发展的最高水平,一方面,在此之后中国开始闭关锁国,断绝了与外界的大多数沟通,无法吸收到先进的数学思想;另一方面,同时代的本土数学家们也没有为此进行进一步的研究。

究竟是什么原因呢？数学史学家认为，古代中国代数在四元术之后之所以戛然而止，是因为这个方法需要在平面的上、下、左、右分别摆放算筹，如果多出一个未知数和次数，在平面上无法放置，所以最多也只能发展到四元四次方程了。

可喜的是，四元术随着《四库全书》被保留了下来，而朱世杰先生也在二十多年的教书生涯中累积了不少财富。

有一个流传已久的故事就能说明这个问题，某天朱世杰在扬州的居所中钻研《九章算术》，突然听闻院外有骂声和哭声。出门一看原来是一个妓院的老鸨正在打一个刚被卖身的年轻姑娘。

朱世杰赶忙上去阻止，却被老鸨嘲笑。

老鸨讽刺道："这个姑娘是我花钱买来的，和你一个穷教书先生有何相关？你想管也得看看自己有没有钱。"

老鸨认为站在她面前的只是一个普通的教书先生，没有几个钱，正想借此嘲讽一番。朱世杰却问起了为姑娘赎身的事情。于是老鸨不以为然地开出天价——五十两银子。没想到朱世杰很轻松地掏出了五十两银子，把姑娘赎了出来，让老鸨目瞪口呆。

后来，朱世杰和那位姑娘喜结连理，并把四元术传授给她。一时间，这件事在扬州城成为佳话，而至今在西湖畔还流传着关于朱世杰的歌谣。

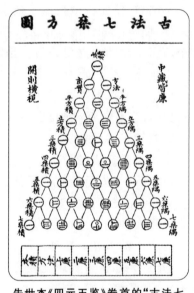

朱世杰《四元玉鉴》卷首的"古法七乘方图"

从古希腊贵族奴隶主数学家，到文艺复兴时期家境优越不用工作的数学家，从中国古代地方官员数学家，再到美国华尔街的金融数学家，虽然经济条件优越不是研究数学的必要条件，很多数学家过着窘迫的生活也取得了丰硕的成果，但不可否认的是，衣食无忧对钻研数学有积极作用，毕竟不用考虑钱的问题，就可以把更多的精力放在思考问题上。

63

来自幻方的数学

矩阵和行列式

在远古时期,伏羲在上天的帮助下一统天下。

一天,从黄河中飞出一匹神马,马背上刻着一张无比玄妙的图案,称为河图;与此同时,在洛水中浮上一只神龟,龟背上也刻着一张暗藏玄机的图案,称为洛书。

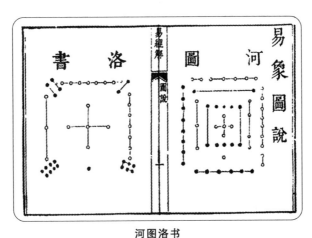

河图洛书

伏羲深感河图和洛书的神奇,于是深入研究,发明了八卦。

根据史学家考证,河图和洛书实际上是一个流传已久的数学游戏:幻方。幻方是一个由九个中等大小的正方形拼成的大正方形,每个中等正方形又由九个小正方形拼成,即大正方形由 $9×9$ 的小正方形拼成。在小正方形中已经有一些数字,游戏者需要在剩下的空格里填写数字,要求大正方形的每一行和每一列的九个格,每一个中等大小正方形内九个格,都包含 $1\sim9$ 这 9 个数字。

中国数学家从幻方中找到灵感,发明了矩阵。

矩阵在数学中首次应用是《九章算术》中对线性方程组的求解。这本成书于 1

世纪的数学著作在历史上首次采用了忽略未知数,把数字写成表格,即矩阵,然后利用高斯消元法求解线性方程组。不过很可惜的是,欧洲数学家并没有从《九章算术》中看到矩阵,在 17 世纪之后又重新发明了一遍。

欧洲数学家在研究线性方程组的时候,把系数和常数项提取出来,组成一个矩阵,这个矩阵被称为增广矩阵;而单独由系数形成的矩阵为系数矩阵。数学家们利用和高斯消元法相同的矩阵初等变换,把矩阵转化成每一行和每一列,最多只有一个 1,剩下都是 0 的形式,提出矩阵的秩的概念,通过分析增广矩阵和系数矩阵的秩,判断方程组是否有解。

但即便是这样的计算也太麻烦了,于是数学家们把矩阵的括号写成两条竖线,这样就形成了行列式,通过研究行列式来判断矩阵的性质。行列式看起来和矩阵很像,但却是两个完全不同的数学对象,首先,行列式要求行数和列数相同,而矩阵则没有这方面的要求;其次,行列式通过一些计算规则等于一个数,但矩阵只是一个数表。

按照这样的逻辑,应该先出现矩阵,再出现行列式,但真实的情况恰恰相反。如果不考虑在西方流传不广的《九章算术》,第一个出现的竟然是行列式。1683年,日本数学家关孝和写下了世界上第一个行列式,十年之后,莱布尼茨也发明行列式,没有迹象显示两位数学家之间有过沟通,所以这两人都被认为是行列式之父。

几十年以后,数学家克莱姆发明了线性方程组是否有解的克莱姆法则。而在行列式诞生一个多世纪以后,高斯发明了高斯消元法。矩阵诞生的工作是英国人完成的,数学家西尔维斯特斯首先使用了矩阵(Matrix)这个名字来表示一组数字的表格,而凯利也完成了矩阵理论的奠基工作,从此矩阵作为一个独立的数学对象,脱离了线性方程组走上了独立发展的道路。

矩阵的应用很广,在图像处理领域,计算机科学家们使用矩阵实现对图像的变换,叫作滤镜。他们把图像先转化成数据,然后乘以一个矩阵,所乘矩阵的不同,最终得到的图像效果也不一样。在量子力学中,海森堡提出的量子力学模型中,就使用了无穷维度矩阵(可以理解成行和列数量是无穷的)来表示量子态的操作数。现在,矩阵已经成为高等数学中一个最基本的内容,是每一个接受高等教育的学生必须学习的数学工具。

在历史的发展中,出现过很多不符合逻辑的发展规律,行列式比矩阵更早出现,对数比指数更早出现,这样的例子不胜枚举。可见,科学的发展有其规律性。从低到高,从简单到复杂,从直观到抽象,是科学发展的整体规律,但对某一个具体的对象来说就不一定了。

64

基、向量和空间

线性代数

"空间"一词是数学中出现频率很高的概念,一般来说,空间指的是满足某种条件,且定义了某种运算的数学对象组成的集合。现在"空间"的概念已经发展到了非常抽象的程度,横跨代数、几何、分析和概率四大数学学科,抽象的程度很高,似乎可以包罗万象了,但最开始空间的概念却很简单很好理解,它来自对矩阵和线性方程组研究而产生的学科——线性代数。

看看自己的身边,你所在的书房、图书馆或者其他什么地方,就是一个空间,但如果你忽略周围的墙壁、远处的高楼和你看不见的遥远的山脉,你可以认为自己生活在地球的空间中。

在笛卡尔创立的空间直角坐标系中,确定了原点和几个坐标轴的方向,用三个数形成的一个坐标来表示蜘蛛在空间中的位置,但如果把原点和轴的方向换到别的位置,坐标就会发生变化。坐标如此依赖坐标系,坐标系的本质是什么呢?

牛顿从两千多年前的哲学家亚里士多德那里得到了灵感,用向量表示坐标系。

向量是一种既有长度又有方向的线段,在物理学中很多物理量都要表示成向量,比如力和速度,既有方向也有大小。

坐标轴的本质是三个不共线的向量 a、b、c,任何一个空间中的位置都可以用这三个向量线性表示,比如 $2a+3b-5c$ 就表示了一个位置,在建立了 a、b、c 的前提下,我们就用(2、3、5)来表示这个位置,这就是坐标。坐标依赖于预先取得的三个向量,如果取了另外一组 a、b、c,就会得到另外一组坐标。那么这三个不共线的向量就是空间中最基本的三个向量,所以被称为基底,简称基。

有了基底这个概念,数学家就可以建构任何一个抽象的对象。不管真实存在的二维空间和三维空间,还是我们无法感知的四维空间,只要选好了一组最基本的基底,任何一个数学对象都可以建构出来,而这些对象就组成了空间。这时,空间已经不是最初我们熟悉的周围的空间,而变成另一个高度抽象的数学概念。

那么矩阵和空间有什么关系呢?

如果我们考虑三个 1×3 的矩阵：$A=(1,0,0)$，$B=(0,1,0)$，$C=(0,0,1)$，会发现任何一个形如 (a,b,c) 的 1×3 的矩阵都可以由它们表示出来，比如 $(2,3,-6)=(2,0,0)+(0,3,0)-(0,0,6)=2(1,0,0)+3(0,1,0)-6(0,0,1)$，即这个矩阵可以表示成 $2A+3B-6C$ 的形式，A、B 和 C 就是一组基底，而 $(2,3,-6)$ 就是在这组基底下的坐标。

这样，A、B 和 C 就可以建构 1×3 矩阵的空间了，而 A、B、C 和它建构的矩阵，我们也都按照之前的说法称为在 1×3 矩阵空间中的向量。

向量已经被推广到了极致，它开始有意识地替代那些陈旧的知识。

1834 年的一天，爱尔兰数学家哈密尔顿和他的妻子在都柏林的一条河岸散步，他突然灵感大发创造了四元数，一时间解决了数学界的很多难题，但好景不长，随着线性代数的发展，哈密尔顿和他的四元数已经很少被人提起，渐渐被适用范围更广的向量替代了。

线性代数中最核心的内容，是通过研究向量空间来研究矩阵和线性方程组。要知道，在抽象的向量空间中，内容是很匮乏的，比如一个普通的向量有长度，但矩阵空间是没有长度的。如果要研究它还需要其他的概念，如果在向量空间中加入长度的概念，就成为赋范向量空间；再加上角度，就变成了我们周围的空间——欧几里得空间——既有角度也有长度。

作为最简单的代数学，线性代数是通往其他代数学的必经之路，从线性代数开始，数学开始走向抽象，数学家们用这些抽象的概念来描述我们无法感知，但逻辑上确实存在的世界，从此基、向量和空间都不再是之前最直观、最简单的形式了。

小知识

我们周围的空间有着长、宽、高、距离和角度等概念，但在数学中，空间是指很多同类的数学对象组成的一个集合，除了这些对象以外，空间中什么都没有。数学家给这些空间规定了长度、角度和元素之间的运算规律，然后对这些空间进行研究。可以发现，我们所处的空间只是数学家研究所有空间的一种——欧几里得空间。尽管广阔的宇宙充满了未知，而人类的感知能力也很有限，但这些因素并不能束缚数学家的思维，不管是远在百亿光年外的空间，还是小到攸米以下的弦论，只要符合逻辑，数学家们都可以建构、研究并理解它们。

65

多项式代数的用途

几何定理的机器证明

在数学中,空间的概念就像一个大筐,不论是普通的向量还是矩阵,甚至抽象的函数和几何图形,几乎所有的数学对象都可以往里装。

对多项式来说,自然也可以用空间来建构,这种空间叫作多项式空间,研究多项式空间的代数就是多项式代数。

如果观察一个三次多项式的结构 $ax^3 + bx^2 + cx + d$,会发现它是由 x^3、x^2、x 和 1 四个对象表示的,而且这四个对象互相之间也无法通过加减表示,如果看成向量,会发现它们实际上是四维空间的一组基底,任何一个三次多项式都可以用这组基底来表示。同样,如果建构一个四次多项式,则需要五个向量构成的基底,这样多项式空间就建构出来了。

长久以来,多项式代数一直是代数学家的好伙伴。数学家在建立线性代数理论的时候,不免要接触那些四维、五维甚至更高维度的空间,这些空间过于抽象,无法用现实的例子解释,这给数学家验证自己的成果带来了难度。多项式既直观又方便,只需要在纸面上计算,同时还可以建构任意维度的空间,很快就成为代数学家的新宠。但随着线性代数和近世代数理论的完成,多项式代数似乎要退出历史舞台了。但数学家们发现,多项式代数在几何定理机器证明中有着重要的作用。

计算机发明以后,数学界和科学界都发生了翻天覆地的变化。从代替人类进行复杂的科学计算,到模拟各种环境进行试验,从软件满足人类的各式各样需求,到硬件不断升级突破摩尔定理,计算机越来越智能,作用也越来越大。现在一个普通手机中处理器的计算能力都要远远强于美国登月时用到的所有计算机,但实际上,计算机仍然只能按照人的指令进行工作,无法形成自己的思维。让计算机能独立"思考",这是计算机科学中一个重大的课题——机器学习和人工智能。

数学家们认为,要让计算机具备类似于人的思维,首先要让机器证明几何定理。在这里,几乎退居次位的多项式代数派上了用场,焕发了它的第二春。在几何定理的机器证明领域,最权威的是中国著名数学家,中科院院士吴文俊。

1949年,吴文俊从法国获得博士学位,当时他的研究方向是代数拓扑。回国后,他在极度艰苦的环境下,在示性类和示嵌类上做出了突出的贡献,在拓扑学上,有以他名字命名的概念和公式,比如吴示性类和吴公式,美国数学家应用吴文俊的结论在世界性难题——庞加莱猜想上取得突破性进展,在50年代和60年代的菲尔兹奖得主很多都是受到吴文俊的启发,用到了他的结论。甚至吴文俊的结论也被应用在电路设计中,以简化验证过程。在近花甲之年时,吴文俊开辟了新的研究方向,他利用多项式代数为例子,结合了代数拓扑、偏微分方程等数学学科,创造性地解决了让计算机自动证明几何定理的问题。

    在吴文俊之前,几何定理的机器证明进展甚微,这种被动的局面让很多数学家知难而退,而吴文俊几乎靠一己之力扭转了这个学科不利的局面。现在各种设计领域广泛使用的CAD软件中就包含着吴文俊的成果,甚至每个版本的软件中都有用吴文俊命名的软件包。

    吴文俊的成果是中国在数学界最大的成就,因为他的工作,很多数学家在几何定理的机器证明上看到希望,纷纷投入到相关研究中,力求在人工智能和机器学习领域获得更大的成就。

小知识

    吴文俊院士才华横溢,更顾全大局。在数学研究中,他并不固执地守着自己已经研究半辈子的方向,而是根据中国数学发展的需要进行调整。当国家需要发展计算机数学时,年近花甲的他本应退居次位,却迎难而上,做出了震惊世界的成绩——机器的几何证明,而在耄耋之年,在精力有限的情况下,他又投入数学史的研究中,取得了很多成果。国家建设需要数学、物理等学科的支持,类似于吴文俊院士这样"解决国家之所需"的数学家和物理学家还有许多,从某种意义上说,他们为中国贡献的不仅是自己的研究成果,更是自己的聪明才智和整个生命。

66

方程的根有什么特点

奇思妙想的近世代数

近世代数，又叫作抽象代数，是线性代数之后更高层次的代数学，现代所有代数学都是在这种代数学的基础上发展而来的。近世代数可谓是"人如其名"，诞生时间很短，只有不到两百年的历史，同时以深刻抽象的数学性质著称，而这种"抽象"恰好为数学家们提供了一个解决问题的工具。

近世代数的创始人是法国青年数学家埃瓦里斯特·伽罗华，生于 1811 年，十六岁开始专业学习数学。我们都知道，二次方程、三次方程和四次方程都有求根公式。在 16 世纪，这些公式就已经被意大利的数学家们掌握了，但五次和五次以上方程的求根公式一直没有结论。又过了两百多年，挪威数学家尼尔斯·阿贝尔才采用了一个奇妙的方法证明出五次方程没有求根公式，不过由于阿贝尔当时名声并不大，直到去世之前不久，他的结论才被其他数学家得知。和他同时期的伽罗华运气更不好，他的结论直到死后才被承认。不过这位更年轻的数学家的成果影响更大，在研究代数方程是否有解的时候，他提出了一个深刻的概念——群论，从根本上证明了五次（含）以上方程没有求根公式的问题。

我们以五次方程为例介绍伽罗华的证明思想。伽罗华把高次方程的根放在一个集合中，并且定义一个运算，这样几何中的元素之间都可以用这样的符号连接。在这里，运算既不是加减法，也不是乘除法，而是一个抽象的计算形式。对于这个运算，伽罗华做出了以下规定：

第一：这个集合对于这个运算是封闭的，并且运算结果唯一，也就是说，在集合中随便找到两个元素 a、b，$ab=c$，c 也是这个集合的元素，并且是唯一的。

第二：运算满足结合律。这条的意思是，如果在集合中找到任意三个元素 a、b、c，那么就有 $(a \cdot b) \cdot c = a \cdot (b \cdot c)$。

伽罗华

第三:存在单位元和逆元。单位元 e 是集合中一个特殊的元素,它和集合中的任意一个元素运算,都得到这个元素本身,用字母表示为 $e \cdot a = a \cdot e = a$;逆元则对应着集合中的每一个元素,对于任意一个元素 a,均有 $b \cdot a = a \cdot b = e$,其中 b 就是 a 的逆元。

很明显,在实数集中,不管是加法还是乘法都满足前两条,因为实数中随便取两个数经过加法和乘法后得到的数字还是实数,并且结论唯一;同时加法和乘法符合结合律。但第三条就不那么好验证了,如果我们考虑实数上的加法,很明显数字 0 是实数集在加法下的单位元,而一个数的相反数就是这个数的逆元;如果我们改为考虑实数上的乘法,则发现 1 是实数在乘法下的单位元,而一个数的倒数是这个数的逆元。

伽罗华把满足以上规律的集合称为在运算下的群,而关于群的理论就是群论。因为实数集在加法和乘法下都满足伽罗华的定义,所以它们都可以看成是群,同样也适用于群论。由于高次方程组的系数和解都在实数集中,同时这些数字用加法和乘法连接,所以对解的考虑就可以转化对解组成的群的研究。通过简单的证明,伽罗华发现,五次和五次以上方程的根所在的群是不可解群,也就是说五次和五次以上方程没有求根公式。

对当时的数学家来说,伽罗华的思维实在太超前和宏观了,充满了奇思妙想。

在此之前,即使是用矩阵解决线性方程组,也只是把它们的系数和常数项提取出来进行研究,数学家们从来没想过脱离方程本身的形式和数字进行求解。

而伽罗华甚至把之前的结论全都舍弃,凭空从另一个世界抓出了这个工具,漂亮地解决了困扰数学家多年的问题。

伽罗华完成抽象代数中群论构造的时候只有十八岁,他自信满满地把这篇论文投稿给法国科学院,没想到却被负责审稿的法国数学家柯西给弄丢了。

接下来,伽罗华经历了人生中多次的变动,甚至先后两次入狱,最后,这个天才青年数学家因为与他人决斗而死去,年仅二十一岁。伽罗华是被上天嫉妒的天才,他用短短几年的数学研究留给了后人了一泓清泉,而迄今为止,泉水还不断从泉眼中流出,毫无干涸的迹象。

67

近世代数的三个研究对象

群、环和域

近世代数中的所有内容都是围绕着三个代数结构展开的,这三个代数结构就是群、环和域。我们已经了解了群的定义,那么另外两种代数结构又是什么意思呢。在这里有两个非常重要的概念,其中一个是半群,所谓半群,就是满足群的一般的条件。我们知道群的定义有三条:分别是封闭性、结合律以及单位元和逆元。如果一个代数结构只有前两条封闭性和结合律,则这种代数结构就被称为半群。

在伽罗华刚开始接触数学的时候,稍微年长一些的挪威青年数学家阿贝尔就已经在研究五次方程求根公式的问题了。

阿贝尔1802年出生在一个叫作芬德的小村庄,他家境贫寒却刻苦好学,在数学上显示出极高的天赋。阿贝尔十九岁的时候,他得到中学老师霍姆伯厄的资助到奥斯陆大学学习。由于阿贝尔的父母在他上大学之前就去世了,所以整个家里七口人都要靠着阿贝尔赚钱来养家,尽管阿贝尔没有时间真正听几堂课,但他还是凭着自学掌握了当时欧洲大多数数学教材,熟悉从牛顿、欧拉、拉格朗日和高斯等数学家的全部成果。

阿贝尔

阿贝尔二十一岁的时候,证明了五次方程没有求根公式,这个在数学上被称为阿贝尔-鲁菲尼定理。阿贝尔觉得这个成果很重要,但他急需要得到其他数学家的肯定,只能在非常窘迫的情况下,自费印刷论文,为了省钱,这篇论文只有六页。不幸的是,收到论文的数学家们要么看不懂,要么认为这个问题不可能由这么年轻的数学家做出来,于是把论文丢掉了,其中就有著名数学家高斯。

终于在朋友的帮助下,阿贝尔得到了政府的资助,获得去法国学习数学的机会,但在那里他并没有得到重视,自己潜心写下的论文也被柯西弄丢了,而泊松、傅里叶和勒让德这些数学家们年事已高,变得保守陈腐,对年轻人的工作根本不重视。

在法国得不到机会，阿贝尔只好返回挪威。

阿贝尔总算在军事学院谋求了一个教授数学和物理的职位，有了稳定的薪水，开始了在椭圆曲线和函数论上的研究，但好景不长，阿贝尔在巴黎的时候染上了肺结核，他的身体越来越差，家庭负担还很重，最后终于累倒了。在这种情况下，阿贝尔的朋友们还在不懈努力着，为他争取更好的研究环境和生活环境，但不幸的是在1829 年，年仅二十七岁的阿贝尔在贫病交加中去世，而在他死后的第二天柏林大学数学教授的聘书才邮寄到他的家中。

在他死后的几年，数学家们才发现他研究的内容深邃和伟大，而其中研究方程的方法，甚至和伽罗华的采用的方法不约而同。为了纪念这位早逝的数学天才，数学家们把交换群——群中的任意两个元素可以交换运算，即 $a \cdot b = b \cdot a$，称为阿贝尔群。

阿贝尔群正是环和域的另一个重要特点。在这里我们有了足够的数学基础去定义环和域了。在一个集合上定义两种运算，一种和这个集合组成阿贝尔群，另一种组成半群，这就是环；在一个集合上定义两种运算，一种和这个集合组成阿贝尔群，另一个除去单位元后能形成一个阿贝尔群，两种运算满足分配律。这样的代数结构叫作域。环和域虽然也是抽象的代数结构，但我们也能在数学中找到符合的例子，比如对有理数数集来说，它在加法和乘法这两个运算中就是域。

史学家在考证阿贝尔生平的时候，曾经对其遭遇进行了详尽的分析，到底是哪一个人导致了阿贝尔的悲剧。如果说当时年富力强的柯西和高斯等人工作繁忙，没有时间研究一个默默无闻的年轻人写的论文，那么责任就应该落在了勒让德身上。当时的勒让德年事已高功成名就，有更多精力培养年轻的数学家，同时他也一定明白，自己研究的领域已经到了一个瓶颈，需要新的理论，而阿贝尔的论文就是这个新理论的突破口。

令人无法理解的是，对阿贝尔的论文勒让德并不是一点也不关注，当数学家雅可比做出了一个结论向勒让德请教的时候，勒让德告诉他这个结果已经被阿贝尔做出来了。雅可比听闻阿贝尔已经因病去世，质问勒让德为什么不给阿贝尔机会，勒让德竟然左顾右盼而言他。由此看来，任何一个守旧势力都有惧怕改革的特点。不过，旧的总会过去，新的也总会到来，只要有价值的理论，终将会在某一个时刻大放光芒。

68

代数的集大成

泛代数

人们越来越明白,科学研究上不存在一个包罗万象的理论,任何一个新理论都会有其局限性,当发展到某种程度的时候,就会有更新、更广阔、更普遍适用的理论来包括它,数学也不例外。数学史上这样的例子比比皆是,从欧几里得几何到黎曼几何,从黎曼积分到勒贝格积分,而爱尔朗根纲领也是把各种几何放在一起进行研究。尽管数学家们对伽罗华和阿贝尔的理论没有完全参透,但这并不影响他们试图找到比近世代数更普遍的代数。

在对近世代数的研究上,数学家们发展了很多崭新的概念,在群论中,发展出子群、交换群等基本概念,同时挪威数学家索菲斯·李创新性地把群的概念和几何中的流形结合,形成研究李群的李代数。

在环论中,数学家发展出"理想"的概念,其中,德国女数学家、有"代数女皇"之称的艾米·诺特在环上做了很多的工作。诺特 1882 年出生在德国爱尔朗根的一个知识分子家庭,父亲也是一位杰出的数学家,当时大学里不允许女性注册学籍,但因为诺特的父亲在大学里工作,所以诺特有了旁听的资格。由于她天资聪颖,认真刻苦,教授破例让她跟着男生一起考试。在父亲的支持下,1903 年诺特通过了全部的考试后,然后到哥廷根大学旁听。当时的哥廷根大学大师云集,数学界的无冕之王希尔伯特、拓扑学的大师克莱因都在哥廷根大学任教,诺特在这里获得了更多的数学知识,坚定了走的数学道路的决心。

艾米·诺特

这时父亲写信给诺特,告诉她爱尔朗根大学现在允许女生注册,于是她回到爱尔朗根大学,注册攻读了博士学位。1907 年,诺特成为世界上第一个女数学博士。从此,诺特就可以名正言顺地进行数学研究了,并且取得了很多有益的成果,而她的学生范德瓦尔登在她的教导下,也成为著名的数学家。

在诺特的所有成果中,最重要的是证明了诺特定理:对于每个局部作用下的可微对称性,存在一个对应的守恒流。这个定理的意思是说,物理运动定律有对于空间平移的不变形。比如物体在空间运动,能对应着动量守恒定律,而对于时间的变化,能推出能量守恒定律。

域论的发展比较缓慢,虽然伽罗华和阿贝尔在近世代数的创始时期就开始有意识地使用这个理论,但直到 1910 年,施泰尼茨才建立起域论的体系。在他名为《域的代数理论》的论文中,域的公理化体系最终被建立起来,很多伽罗华和阿贝尔的数学思想才再次进入数学家们的视野,产生了素域、域扩张等概念。

既然数学上不存在绝对普适的概念,那么关于群、环和域的理论之后一定会有一个更广泛的概念,这个概念就是泛代数。

和群论、环论和域论不同;泛代数致力于研究所有的代数结构,而不是单独的一种代数。由于目前群论的发展比较完善,所以大多数的工作都围绕着群论来做。在泛代数中,数学家们不单纯地考虑某个群是不是阿贝尔群,或者某种代数是不是满足结合律的结合代数,他们把代数中所有定义的运算放在一个集合中,研究这个集合的结构。

在泛代数的集合里,根据作用对象不同,运算被分成了三种形式:无元运算、单元运算和二元运算。无元运算指的是不需要依赖对象的运算,即不管找到哪些对象进行运算,都能得到一个常量,比如在数集中,不管对哪一个数乘以 0,最终的结果都是 0;单元运算只需要对一个对象进行运算,比如把一个元素和一个单位元进行运算,得到的还是这个元素本身。最后的二元运算就是常见的群上定义的运算了,比如在数集上定义一个加法,两个数不一样,结果也不一样。

代数学发展到目前,已经远远超出数学家对它的预期,从研究方程组有没有解,到表示一个复杂的空间,再到判断晶体的结构,无处不用到代数学的理论。但我们也要清醒地认识到目前代数学发展并不均衡——在群上研究得多,但在域上成果得很少,根据水桶理论,只有数学家们对域有更多的认识,补上这块水桶的短板,泛代数才能有更大的发展。

第八章

概率与统计学的发展

69

赌徒的难题

古典概率的诞生

　　16世纪,在法国的一个小酒馆中坐着两个赌徒。时已夜深,周围的人都已经回去了,但这两个赌徒仍然没有要回家的意思,这让酒馆的老板很不高兴,他催促着这两个赌徒赶快回家,自己也好打烊休息。

　　但这两个赌徒仍然没有回家的意思。

　　赌徒们每人拿出七个金币作为赌资,并制定好规则:一共玩七局纸牌,赢的局数多的人就可以拿走两个人的十四个金币。游戏开始后赌徒甲的运气不错,他连续赢了两局。这时酒馆老板突然走过来赶他们离店,不管赌徒们说什么好话,都无法改变老板的决定,没有办法,两人只能提前结束了比赛。

　　当赌徒们走出酒馆,赌博被迫中断而无法再次展开,他们开始为怎么分配金币而争吵起来,赌徒乙认为,既然游戏不能再继续,那么就应该按照局数来分,因为甲赢了两局,所以应该分得其中四个金币,剩下的局数两个人互有胜负,所以要平均分,也就是甲拿 4+5=9 个金币,而乙应该拿五个金币。赌徒甲却认为,他已经赢了两局,还剩下五局只要再赢得两局就可以拿到全部的金币,而对方需要赢四局才可以战胜自己,所以自己分的金币应该更多。

　　两个赌徒为此争论起来,他们决定求助于著名的数学家帕斯卡。帕斯卡拿到这个难题的时候,却得到和两个赌徒都不一样的答案。但帕斯卡觉得他们也各有各的道理,于是和另外一个数学家费马讨论起来。

　　在当时,数学的三大分支——分析学、代数学和几何学都在萌芽中,数学家们正在无意识地努力为这三个数学分支做着最后的准备。长久以来数学家们一直关注确定的数学,比如一个定理一定能被证明或者被证伪,一个方程一定有确定的根,而对于这种不确定的数学并没有明确的认知。

　　在"不确定"数学发展的初期,法国数学家拉普拉斯做出了奠基性的工作。拉普拉斯从最简单的不确定事件出发,扔一个两面差不多的硬币,出现正面和反面的可能性相同,而两种可能性相加就能得到一定发生的结果(不考虑硬币会恰好立起来）。拉普拉斯把这种事件发生的可能性大小叫作概率。

从此，一门有别于数学三大基础门类的新的数学门类被创造出来。

拉普拉斯认为落地的硬币要么正面，要么反面，这是一定能发生的事情，所以用 1 来表示。既然两面概率相同，那么它们的概率就都是 0.5。

同样的方法，如果考虑一个骰子，出现每个数字的概率就为 1/6。拉普拉斯这种概率就是概率中最简单的一种——古典概率，也被称为拉普拉斯概率。

了解了拉普拉斯的成果，瑞士数学家族——伯努利家族的长子雅各布·伯努利认为，虽然拉普拉斯的结果看起来正确，却无法服众，毕竟数学的严谨是不允许这样想当然的创造：硬币投掷之前，事件并没有发生，怎么能预料没发生的事情呢？而如果硬币投掷出现了正面，又直接否定了反面的出现，这又和之前的 0.5 相悖。

雅各布·伯努利决定从事件本身来分析概率这个事情。他投掷了很多次硬币，并把结果记录下来。伯努利发现，当投掷十次的时候，出现了七次正面；当投掷一百次的时候，出现了六十五次正面；当投掷一千次的时候，出现了五百二十七次正面；而投掷一万次的时候，出现了五

雅各布·伯努利是最早使用"积分"这个术语的人，也是较早使用极坐标系的数学家之一

千零五十七次正面。伯努利比较了结果发现，正面次数占有总次数的比例越来越接近 0.5，而这个 0.5 正是拉普拉斯得到的结果！伯努利终于明白，所谓的概率其实是在不受到其他外界环境影响的时候，事件不断重复出现次数占总事件之比。伯努利发现的这个规律就是概率中的伯努利大数定律。这个定律也成为古典概率论的基础。

有了古典概率的基础，数学家们推衍出相互独立事件、条件概率等一系列的概念，从此概率论作为一门独立的数学分支开始发展起来。在人类改造世界的过程中，会遇到很多不确定的事情，为了充分利用资源完成更重要的任务，就要预测事件发生的可能性，而概率正是进行预测的数学工具。概率论已经深入到生产、生活的方方面面，从投资银行预测金融衍生品的价值，到气象学预测未来的天气，概率无处不在发挥着它的作用，甚至新中国第一个概率学专家王梓坤先生，曾经带领团队用概率论预测地震，取得了辉煌的成就。

70

用函数来表示可能性的大小

概率分布

在概率中，确定发生的事情叫作必然事件，一定不发生的事情叫作不可能事件。在人类的生产生活中，必然事件和不可能事件占很少一部分。不论再有把握的事情也有可能出现例外，因此大多数事件都是不确定能否发生的，这样的事件叫作不确定事件，或者叫作随机事件。

我们抛出一个硬币，如果不考虑硬币立起来的情况，结果只有两种可能，分别是正面和反面，而这两种随机事件的概率都是 0.5；如果考虑某地天气是否下雨，这个事件也有两种可能——下或者不下，但这两种情况的可能性很明显不一定相等；如果考虑更复杂的事件，比如种三棵树，就有可能出现存活三棵、存活两棵、存活一棵和都没存活四种情况，而每一种随机事件的概率不一定相同。

计算概率是为了更好地预测。而为了预测，就必须要研究所有可能出现的情况，把所有事件一个个写出来，并且加上这种情况出现的概率，这在概率中叫作概率分布。以一个人投篮为例，假设这个人投篮三次，命中一次的概率是 0.1，命中两次的概率是 0.3，命中三次的概率是 0.2、一次都没命中的概率是 0.4，这样我们就可以画出以下表格。

命中次数	0	1	2	3
概率	0.4	0.1	0.3	0.2

在这个表格中我们会发现，投篮命中的所有情况都已经写到表格中了，分别是 1、2、3 和 4，而这四种情况覆盖了所有可能出现的结果，下面的概率相加为 1，代表结果一定从这四种情况中出现。

那么再进行一次"投篮三次"这样的实验，最有可能出现的情况是一次都不中；但如果再进行很多次这样的实验，平均起来能投中几次呢？在这里，数学家们给出一个叫作期望值的数学概念，表示多次实验取平均得到的结果。期望值的计算公式很简单,把每个事件和自身的概率相乘,最后相加在一起即可,因此,上面的例子期望值为 $0×0.4+1×0.1+2×0.3+3×0.2=1.3$,也就是说如果做一万次实验,投进总数会非常接近 13 000,平均每次投进 1.3 个。

类似投篮或者抛硬币的概率问题很多,这类问题的共同特点是事件是若干个独立分散的,数学家们把这种事件称为离散型随机变量。但生活中还有另外一种事件,比如一通电话在某个时间打入,这个时间是连续的,我们称它为连续型随机变量。对于连续型随机变量,因为事件的可能性有无限种多,所以我们就无法写成表格的形式进行分析,对于这个问题,数学家们早有准备,他们发明了一种叫作概率密度函数的曲线来表示连续型随机变量的概率。

在连续型随机变量中,最有名的就是正态分布了。正态分布又名高斯分布,是在自然界中广泛存在的一种分布,这种曲线中间高两边低,成对称的钟形,不管是考试成绩、人群寿命,还是种子发芽、产品合格,都符合这种分布。

在概率论的完善中,数学家们发现了各式各样的分布,而这些分布也成为数学家研究随机事件的工具。虽然自然界对人类来说还有很多未解之谜,但通过数学研究,数学家们似乎已经发现了自然界正在按照某种规律进行运转,而各种事件的概率分布就是自然界中规律的一种。

小知识

对于连续型随机变量,数学家们使用概率密度函数来表示发生事件的可能性。右图是某地某时刻车流量达到高峰概率的正态分布概率密度曲线图,曲线与 x 轴围成的面积为 1。4 点时车流量达到高峰的概率为 $x=4$ 这条线左侧的面积,3 点时车流量达到高峰的概率是 $x=3$ 这条线左侧的面积,可以看出时间越靠后,车流量达到峰值的可能性最大。

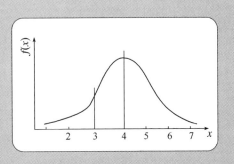

71

柯尔莫哥洛夫的贡献

概率论公理化

20世纪初,数学家们为代数、几何和分析学的发展感到欣慰,却无比担忧概率这个分支学科。虽然概率已经出现了两百多年,但数学家们还没有建立起概率的基础——如果基础出现了问题,整个知识体系会崩塌,几百年以来数学家们的贡献瞬间就会化为泡影。

在诺特等人的努力下,数学界形成了公理化方法的浪潮,而这也成为完善数学基础的方法。所谓公理化,就是指从尽可能少的原始概念和不加证明的原始命题(即公理、公设)出发,按照逻辑规则推导出其他命题,建立起一个演绎系统的方法。

通俗地说,如果要进行某方面的研究,就一定要有一些先决条件和概念,而所有推演出的结论都应该是由这个先决条件和概念推导出来。有了基本的公理,就好比有了坚实的基础,剩下的事情就是在这个基础上进行发挥了。为了能使概率像其他数学分支一样发展,概率论公理化刻不容缓,在这里,苏联数学家安德雷·柯尔莫哥洛夫有着不朽的贡献。

柯尔莫哥洛夫1903年出生在俄国坦波夫省。他的父亲是支持革命的农学家,在参加战斗的时候牺牲,母亲也很早去世,柯尔莫哥洛夫由他的姨妈带大。柯尔莫哥洛夫的姨妈将他视如己出,对他非常宠爱,在他很小的时候就亲自教他数学知识,以至他在五六岁的时候,就能独立发现一些初等数论中的规律。

中学毕业后,柯尔莫哥洛夫曾经当了一段时间售票员,不到一年后就进入莫斯科大学数学系学习。在莫斯科大学,柯尔莫哥洛夫认识了很多著名数学家,并被大数学家鲁金赏识,成为他的弟子,实变函数创始人之一的叶戈罗夫的徒孙。在鲁金的指导下,柯尔莫哥洛夫大学时期就建构了一个无法收敛的傅里叶级数,而在当时,所有的傅里叶级数都能收敛成一个函数,数学家们为了找反例煞费苦心。

1930年,柯尔莫哥洛夫开始了他在数学上的大创造,这段时间,他对概率论进行了详尽的分析,给出了若干条公理,从此数学家们再也不用担心概率基础会出什么问题了,而这个工作也成了概率学发展历史上最重要的工作。

设随机实验 E 的样本空间为 Ω，若按照某种方法，对 E 的每一事件 A 赋予一个实数 $P(A)$，且满足以下公理：

1. 非负性：$P(A) \geqslant 0$。

2. 规范性：$P(\Omega) = 1$。

3. 可列（完全）可加性：对于两两互不相容的可列无穷多个事件 $A_1, A_2, \cdots\cdots$，$A_n, \cdots\cdots$，有 $P(A_1 \bigcup A_2 \bigcup \cdots\cdots \bigcup A_n \bigcup \cdots\cdots) = P(A_1) + P(A_2) + \cdots\cdots P(A_n) + \cdots\cdots$，则称实数 $P(A)$ 为事件 A 的概率。

柯尔莫哥洛夫的思想是这样的，首先用映射定义了概率的对应，即一个事件赋予一个实数，确定了事件的概率存在；其次，找到概率两个基本要求，非负性。任何一个事情出现的概率都不可能为负，负数无法解释发生或者不发生；第三是可加性，即如果两个事件只能发生其中一个，那么把两者同时考虑是可以相加的，若有三个事件只能发生其中一个，那么三者也是可以相加的。

除此以外，柯尔莫哥洛夫在几何、实变函数、拓扑学等方面有着突出的贡献，根据其他数学家统计，在所有的数学科目中，柯尔莫哥洛夫仅仅在数论上没有做过贡献，其他均有所非常大的建树，在某数学刊物评选的 20 世纪最伟大的数学家排名中，柯尔莫哥洛夫击败希尔伯特、庞加莱、韦依和诺特等数学家，荣登榜首。

在概率论公理化建立以后，柯尔莫哥洛夫和他的弟子们继续推广了这个工作，取得了很多成果。直到今天，在概率论的研究上，俄罗斯仍然处于国际领先地位，这和柯尔莫哥洛夫在几十年前的工作是分不开的。

柯尔莫哥洛夫身体强壮，肌肉发达，坚持每天都运动，一个星期还要进行一次远足。在七十岁的时候，柯尔莫哥洛夫还可以光着身子在冰天雪地里运动，比很多年轻人还要有力量。柯尔莫哥洛夫又是一位著名的数学教育家，他对于数学教育方式有自己的理解，同时认为学生接触数学一定要在十四到十六岁之间开始，太早或过晚都不利于发展。

72

对随机现象的研究

随机过程中的马尔可夫
过程和时间序列分析

　　如果一副有五十二张牌的扑克牌,随机选取其中的一张是红桃的概率为13/52,这是因为在五十二张牌中,有十三张红桃;但如果一张一张取出来,第十张是红桃的概率是多少,甚至可以问,第十张是红桃和第二十张是红桃的概率谁更大呢? 很显然,这个问题并没有那么简单,因为不管是第十张还是第二十张都会受到之前抽出牌花色的影响,而前面抽的牌我们并不知道它们的花色。在概率中研究这类随机事件的演变过程叫作随机过程。

　　随机过程是一连串随机事件动态关系的定量描述,在自然科学和工程科学,甚至在社会科学上都有着重要的应用。上述的例子过于简单,而生产和生活中复杂的例子比比皆是。比如工厂中的机器由于长时间的使用会发生故障,把机器修理好后再使用一段时间,机器又会出现故障,这个故障的过程就是随机过程。为了达到最大使用率,工厂不得不考虑分配有限的技术人员在机器出故障之前对其检修。

　　股票和期货等金融衍生品的价格,会因为市场上众多投资者的买进和卖出而受到影响,因为投资者数量很多,影响价格的能力也不相同,金融衍生品的价格会产生随机的波动,这也是典型的随机过程。

　　在随机过程的发展中,由于苏联是概率论公理化的发源地,所以最初的所有成果基本上都是苏联数学家做出来的。1907 年,马尔可夫研究了一列有特定相依性的随机变量,这种随机变量的演变过程被后人称之为马尔可夫过程。马尔可夫过程的研究对象是那些变量之前的变化对后续变化没有影响,比如在没有人影响的作用下,一只跳蚤先向左跳动,再向右跳动这样重复很多次,但再下次跳动的时候就不一定先向左了,因为这次跳动不受之前的影响。显然,商品价格波动就不是马尔可夫过程,因为消费者会因为价格较高放弃购买,生产者为了卖出更多的商品只能降低售价。

　　1923 年,N.维纳给出了布朗运动的数学定义,后人把布朗运动也称为维纳过程。所谓布朗运动是液体分子对液体表面微小物体(比如花粉)的冲击,导致小物体无规则运动。这个很显然也是一个不受之前影响的马尔可夫过程。

尽管在概率论公理化之前,苏联数学家们已经开始研究随机过程,但一般认为,概率论公理化之父——柯尔莫哥洛夫才是随机过程的开山鼻祖。1931 年,A. H. 柯尔莫哥洛夫发表了《概率论的解析方法》;1934 年,同样是苏联的数学家辛钦发表了《平稳过程的相关理论》。

在第二次世界大战以后,各国经济和科学研究渐渐恢复,他们在概率论的研究上开始迅速赶上苏联。1951 年,日本数学家伊藤清在维纳过程中使用了微分方程的理论,开创了随机积分领域;1953 年,美国数学家杜布出版了《随机过程论》,是当时最系统的随机过程教材;到了六十年代,法国数学家也在随机过程上取得了优秀的成果。

时间序列分析和马尔可夫过程的分析正好相反,这种过程承认前者对后者的影响,比如一个人在投篮的时候,尽管前几次没有投中,但他也渐渐地找到了手感,未来几次投中的概率就会变大。为了研究前几次事件对未来的影响,时间序列分析需要找到事件变化的规律,建立合理的概率模型来进行预测。

时间序列分析由四种要素组成,分别是趋势、季节变动、循环波动和不规则波动。在节假日,副食品的价格会上涨,而在收获的季节里,粮食和蔬菜的价格会优惠下降,这就是季节变动。而有的工业产品价格会因为买方和卖方之间的博弈出现上涨、下降、再上涨、再下降的波动,这就是循环波动了。

生活中我们会接触到各式各样的随机过程,这些看起来似乎没有任何规律的事件却暗含着深刻的规律。在古代,人们相信冥冥之中形形色色的神灵掌控着他们,但现在,无所不能的数学家正在不懈努力着,我们坚信,这些规律最终也会被人类掌控。

小知识

在保险行业中,有一种职位叫作精算师。精算师通过建立概率模型,制定投保人保费缴纳金额与保险公司理赔范围和金额,维持保险公司的利润同时为客户提供最大的保障,而他们使用的工具就是概率中的时间序列分析和马尔可夫过程。

73

概率在生活中的应用

数理统计学

　　根据时间序列分析的知识我们知道,很多事件的发生深受之前事件的影响,而这种影响又不是绝对的。比如一个人患有某种疾病后痊愈,他一定会在医生的叮嘱下,养成良好的生活习惯以免再次患上相同的疾病,尽管他降低了再次患病的概率,但却不能保证一定不会再次患病。为了对未来发生事件进行准确的预测,数学家们需要对以往相关数据进行大量的收集,找到其中的规律,这就是数理统计学。

　　数理统计学的发展大概分为三个时期。

　　第一个时期是 20 世纪以前。高斯和勒让德在最小二乘法的发明上争论不休,这个方法就是数理统计学的发源。再之后,高斯在正态分布上的工作让数学家们开始重视起数理统计学。在这一时期,数理统计学出现了两个分支,一个是与其他变量参数有关的参数统计,另一个是与参数无关的非参数统计。在参数估计中,19世纪末期的皮尔森做出了矩法估计来估计参数,而德国的赫尔梅特发现了另外一个重要的概率分布卡方分布。

　　第二个时期是 20 世纪初到第二次世界大战。生产力的提高和战争的爆发,在一定程度上促进了数理统计学的飞速发展,而这里的大多数工作都是苏联数学家完成的;我们现在使用的数理统计学方法,也都诞生于这段时间。

　　在这段时间里,英国人费歇尔使数理统计成为一个真正的学科有着杰出的贡献。1912 年,费歇尔毕业于剑桥大学。毕业后他做过中学老师,办过工厂,还经营过一个农场。和其他工厂厂长、农场主不同,费歇尔把数理统计的原理使用在生产和经营中,甚至把这些理论用在了为农作物育种上,累积了大量的财富。除此之外,他还培养了大量的人才,成为独立于苏联数学学派的另一个数理统计实力极强的团体。

　　第三个时期是第二次世界大战后至今。在和平年代,各种新技术层出不穷,数理统计和其他学科的结合更加紧密,生物工程、金融工程对概率和数理统计的需求愈加旺盛,而数理统计也成为数学中得到应用最多的分支学科,新的交叉学科也随之诞生。生物统计学、金融统计学、资料采撷等成为行业中最热门的科目。

有一个在数据挖掘和数理统计圈子中流传已广的故事：一个商场为了增加销售量和利润，找到了数理统计学专家对他们的销售进行资料采撷，从而改善自己的经营状况。专家收集了商场一段时间的资料发现一件奇怪的事情，在婴幼儿货架上的尿布和在饮料柜台的啤酒之间竟然有某种关系：当尿布销量增加的时候，啤酒也会随之增加；尿布销量减少的时候，啤酒也买得少一些。在一般人眼中看来，这两种商品风马牛不相及，却有着内在的联系。不管怎么说，尿布和啤酒还是有关系的，于是商场的负责人把这两种商品摆在了同一个货架上。

经过一段时间的观察，商场负责人终于明白了这种关系的缘由，原来妻子在家照顾孩子需要尿布，而男人在出去买尿布的时候，顺便就会给自己买上一打啤酒，这种消费习惯成就了两种商品之间的关系。而现在啤酒和尿布摆在同一个货架上贩卖，方便了男人购物，原本没打算买啤酒的男人也禁不起诱惑买了回去，而原本来买啤酒的男人发现尿布，会顺便帮妻子带回去，商场的销售量就因此增加了。

概率和数理统计学在生活中处处能用到，而在应用范围上，这两门分支学科远远强于其他数学分支学科，但在很多数学工作者甚至数学家的眼中，概率勉强能算半个数学，而数理统计根本算不上数学。诚然，和数学其他门类相比，概率和数理统计在难度上不能与它们同日而语，但这也是人类排除事物具体形态，对其本质进行形而上探究的成果，从这个意义上说概率和数理统计不仅是数学，而且比分析学等科目更纯粹。或许，大多数清贫的基础数学家羡慕概率和数理统计学家在金融、计算机等领域赚的钵满盆盈，这种说法只是他们为了在自己难度很大的工作和超人的智力上找些安慰的抱怨罢了。

小知识

数理统计学和我们常说的社会统计学有很大不同。社会统计学包括描述统计学和推断统计学，更倾向于描述统计的变量和直观的推断，使用的数学工具很少；而数理统计学更精确地描述变数的关系，从而对未来实现精准的预测。随着统计学的发展，数理统计学大有"吃掉"社会统计学、统一整个统计学的趋势，毕竟，描述和推断完全无法和数学计算相提并论。

74

如何选取研究对象

抽样的方法

在数理统计上,过去的资料中蕴含着事物变化的规律,如果要找到这个规律,就需要对过去全部的相关数据进行分析。

但有些数据数量过于庞大,有着几亿、几十亿甚至上百亿的数据,为了找到其中的规律,数学家们要选择其中的某一些进行研究,这就是抽样。

关于抽样有一个流传很久的笑话:母亲让孩子出去买一盒火柴,临走之前母亲叮嘱说,记得试一试火柴能不能用,如果划不着就换一盒。孩子记住母亲的话出去了。很快,孩子回来了,他高兴地对母亲说,妈! 我试过了,每一根火柴都能划得着。显然孩子曲解了母亲的意思,其实他需要选择其中的一两根试一下就可以了。

抽样又称为取样,是从要研究的全部样本中选取一部分进行研究。抽样并不是在样本中随便找几个,而是需要维持选取的对象一定在全部的样品中有代表性。

比如研究某地成年男子的身高,在抽样的时候要充分考虑选取对象的分散性,青年人、中年人和老人每个年龄段都要选择到,每一种职业也都要充分考虑到;相反,如果到体育学校篮球队中选择,这个抽样就没有任何代表性了。

根据样本特征不同,传统的抽样方式大致分为三种。第一类是简单随机抽样:设一个总体个数为 N,如果通过逐个抽取的方法抽取一个样本,且每次抽取时,每个个体被抽到的概率相等。

可以看出,这种抽样方式样品的总数一定要小,试想一下,如果我们研究全国少年儿童的智力发展问题,简单选取其中的几个人是远远不够的,即使把数量扩大到几十人、上百人都不能完整反映全国的情况,在这种涉及上亿人口的抽样中,至少选择几十万到上百万人进行研究的资料才有说服力。因此简单随机抽样只适用于样本总数比较少的时候。

同样,如果要检验一个工厂生产的几十万个零件,也不能仅仅选取其中几个进行研究。这时就要采用抽样的第二种方式——系统抽样,也叫等距抽样。

当总体的个数比较多的时候,首先把总体分成均衡的几部分,然后按照预先定的规则,从每一个部分中抽取一些个体,得到所需要的样本。既然总数比较多,就要选取很多样本,如果没有一个选择规则,一个个随机去挑是很不方便的,这时就要对全部样本进行编号。以检查十万个零件为例,首先抽样者对零件进行编号,从一到十万,如果确定了选取一百个样品进行检查,就需要把十万个零件分成一百等份,即每份一千个,抽样者在第一个一千中随机选择一个零件,比如第七百一十四号,那么第二个零件就是第二个一千中的七百一十四号,即一千七百一十四号,剩下的以此类推为二千七百一十四、三千七百一十四……。因此系统抽样在样本总数较大,但之间没太大差别的时候使用。

第三种抽样叫作分层抽样。

抽样时,将总体分成互不交叉的层,然后按照一定的比例,从各层中独立抽取一定数量的个体,得到所需样本。例如,一个年级中有一、二、三共三个班,人数分别为四十、四十和六十,现在有四十二张电影票,如何分发才公平呢?很显然,如果按照班级平均分配,每个班能分到十四张,但这对三班学生是不公平的,因为他们班的人数多,平均分到每个人的概率就很小。

最公平的分发应该是按照班级人数的比例进行分配,三个班级人数的比例为 $2:2:3$,因此电影票的分配应该是十二张、十二张和十八张,即一班和二班各选十二个人,三班选十八个人领电影票才公平。因此,遇到这种每组性质差别很大的时候,就需要采用分层抽样。

在进行选取数据的统计工作的时候,除了以上三种传统的抽样方法外,根据具体研究对象的特点,还衍生出很多抽样方式,其中有类似于系统抽样的多段抽样,根据每个阶段不同而分层的 PPS 抽样,强调随机性的偶遇抽样,以及用于发展更多样品的雪球抽样等。

但不论哪一种抽样,都要在符合事物本身特征的基础上明确目的,建立可以测量的方案,并且在维持资料真实性的基础上,尽量减少人力和物力,避免浪费。

小知识

每过一段时间,国家就会进行一次人口普查。所谓人口普查,是指在国家统一规定的时间内,按照统一的方法、统一的项目、统一的调查表和统一的标准时间,对全国人口普遍地,逐户逐人地进行一次性调查登记。虽然人口普查把全部有户籍的人员都调查到,但处理这些数据的时候,仍然要按照统计的方法,选取合适的抽样方法,抽出样本进行分析研究。

第九章

其他数学分支的发展

75

引发第三次数学危机

公理化集合论的产生

　　集合是数学中最基础的概念,按照现代数学观点,每个分支数学的研究对象本身都是具有某种特征的集合。比如抽象代数中的群是定义了某种运算,并且符合封闭性、结合律、有零元和逆元的集合;数字就是集合,比如有理数集、实数集。但实际上,集合不是天生就成为数学基础的。

　　在微积分诞生以后,莱布尼茨在积分的计算中把曲线与 x 轴围成的面积分成了无穷多份,这个无穷多到底是什么让数学家们产生了强烈的好奇心,而元素数量的多少恰是集合论中重要的部分,在这个问题的研究上最有名的是捷克数学家波尔查诺。波尔查诺认为,拥有有限个元素的集合之间可以比较元素数量,但拥有无限个元素的集合之间也应该能比较。这就是后来数学中"一一对应"概念的萌芽。

康托尔

　　波尔查诺找到一个例子,比如0到1之间的实数与0到2之间的实数应该一样多,在前者之间任意一个数乘以2后,都能在后面范围中找到这个数,尽管看起来0到2的数比0到1的多,但数学家们必须接受这个事实,否则将无法理解无穷多。

　　在波尔查诺之后,德国数学家康托尔和戴德金成为公理化集合论的奠基人。1873年康托尔在给戴德金的一封信中,再次提到了波尔查诺对拥有无穷多元素集合的定义,他认为无穷元素之间应该采用对应的方法,比如讨论正整数的集合 (n) 与实数的集合 (x) 之间能否把它们一一对应起来,如果能就说明这两个集合中元素的数量一样多。康托尔在信中给正整数的数量做了一个定义:可数或者可列,意思是虽然这个集合中的元素是无穷多个,但至少可以一个不漏掉地数出来或者列出来,同时他把集合中元素的数量取名为基数。同年,康托尔证明了实数无法像整数那样可数,他高兴地把这结果告诉戴德金,而这一天——1873 年 12 月 7 日成为公理化集合论诞生日。

后来,戴德金对康托尔的结论进行了研究,他成功地建立其有理数和整数之间的一一对应,从而说明有理数基数也是可数的,同时得到了无理数和实数的定义。从此在集合论中重要的概念——戴德金分割也宣告诞生。

当数学家们还没来得及为这个结论而欢呼的时候,第三次数学危机悄然出现。

从 1897 年开始,很多数学家都发现了公理化集合论中有严重的问题——其中可能产生自相矛盾的状况,即悖论,其中最有名的就是罗素悖论。英国数学家罗素在 1919 年提到,一位理发师宣称他给所有不给自己刮脸的人刮脸。如果理发师给自己刮脸,那么他就属于"给自己刮脸"的人,因此他不应该给自己刮脸;如果他不给自己刮脸,那么他就属于"不给自己刮脸"的人,就应该给自己刮脸。罗素还用这样的一个集合来说明理发师悖论:能否存在一个集合,这个集合中元素都满足这样一个特点:元素都不在这个集合中。

这句话看起来是诡辩,但在康托尔建立的集合论中一点问题都没有,这恰恰是对公理化集合论最一针见血的质疑。罗素悖论动摇了公理化集合论,同时也晃动了整个数学大厦,一时间很多数学家都无法承受这样的打击,纷纷放弃数学,甚至自杀。

罗素

面对这种情况,康托尔只能对集合论进行修补,与此同时,连续统假设的证明也让他焦头烂额。所谓连续统假设,是说可数是所有无穷中最小的,而实数集的基数和整数集的基数之间不存在着别的基数。一些数学家宣称,如果这个假设得不到证明,集合论就是完全错误的。康托尔努力地做这两方面的修补,但直到他去世时也没有解决。

第三次数学危机笼罩着整个数学界几十年,在这几十年里数学家们一直在想,公理化到底有没有用,为什么公理化会出现问题。直到 1938 年,数理逻辑学家哥德尔证明了公理化体系的不完备性,困扰数学家的两个问题才得以解决,不管公理建立地多么完备,总会出现既不能被证明错误,也不能被证明正确的命题。罗素正是找到了康托尔的集合论中不能证明的问题提出的悖论,而连续统假设也是独立于集合论公理化体系之外,同样无法证明。

虽然第三次数学危机已经过去了近百年,但数学家们一直被公理化体系的不完备性折磨着：坚实的数学大厦存在着无法避免的瑕疵，而这个问题是数学天生就具有的，一旦问题扩大，大厦还是会坍塌。现在，数学家们只能小心翼翼地在上面添砖加瓦，毕竟不能因为数学本身的缺陷而放弃数学研究，因噎废食。

小知识

　　任何一个学科的理论必须有严谨的知识体系。在学科中，要明确 A 是什么，可以用 B 去解释；问到 B 是什么，又可以用 C 去解释，以此类推，我们可以得到一系列的概念，而这些概念一定要有一个源头。学科的源头相当于大楼的地基，是最根本的理论，不需要解释，也不能解释。

　　任何一本数学书对集合的定义和其他数学物件的定义不同，其他数学对象的定义都比较严谨，而集合的定义是描述性的，这是因为集合就是数学的基础。几千年来建构出庞大的数学大厦就是建立在集合论的基础上的。

76

长度、面积和体积的推广
测度论是什么

一条线段有它的长度，一个正方形有它的面积，一个球有它的体积。长度、面积和体积似乎有天然的关系：它们都是几何图形占有空间大小的数学量。不同的是，在一维空间中只有长度的概念；二维空间包括一维空间，所以既有长度又有面积；三维空间又包含二维空间，所以其中既有长度、面积也有体积。关于几何图形占有空间大小的量，数学中用一个专有名词描述它——测度。

测度的定义很抽象：建构一个集函数，它能赋予实数集簇 M 中的每一个集合 E 一个非负扩充实数 mE。则此集函数称为 E 的测度。这是因为数学现代化以后，很多最原始的数学概念都要用集合和映射来描述，绝对不能出现体积、面积这样不标准的语言，要知道体积或面积只是测度的特殊情况，就好比我们不能用说"像苹果这样的东西就是水果"来以偏概全。

那么测度在数学上有什么用途呢？我们知道，当魏尔斯特拉斯建构出处处连续处处不可导函数以后，对这样的函数进行积分成为一个大难题。后来勒贝格积分的诞生才解决了这个问题。而勒贝格积分正是用了测度为工具。

我们看一个名叫狄利克雷的函数。这个函数很奇怪，当 x 取有理数的时候，函数值为 1，当 x 取无理数的时候，函数值为 0。很显然，这个函数和魏尔斯特拉斯函数一样，无法进行普通的黎曼积分。而主要问题在于函数值有 0 和 1 两种，并且他们在实数轴上被完全打散，形成了 1 中有 0、0 中有 1 的情况。但使用了测度后，我们可以把所有函数等于 1 的自变量合在一起，所有等于 0 的放在一起，分别求它们的面积（因为积分对应的是函数与 x 轴围成的有向面积）。等于 1 的 x 是 0 到 1 的全体有理数，有理数的测度是 0，面积就为 0，而无理数的函数值是 0，所以面积也为 0，这样狄利克雷函数的勒贝格积分就是 0。

有了测度概念，很多不能黎曼积分的函数都可以进行勒贝格积分了。在对这些函数的研究中，测度本身也有了很大发展，形成了完整的学科——测度论。而数学家们在研究测度论的时候发现这个理论本身也不是万能的，很多函数不仅不能黎曼积分,甚至也不能勒贝格积分,也就是说这些函数是不可测的。比如在实数集上我们定义一个不可测的集合P,当自变量取这个集合的时候,函数值为1;当不取的时候,函数值为0。虽然这个函数看起来是为了不可测而建构出的,但在逻辑上无懈可击。

　　数学家们为了保持数学的普适性,会把很多现实中的事物抽象出来进行研究。如果这些事物之间有内在的联系,或者模拟的关系,数学家就会把它们当作一种数学对象进行定义。正如蝴蝶和蚂蚁,它们都是三对足和一对触角,生物学家会把它们作为昆虫的整体进行研究;群居在一起的猴子和人类社会,都是生物之间的关系,这也成为社会学家的研究物件。而测度论的研究也是这个道理。

小知识

　　人类对数学的认知是从具体到抽象。人类相信,对于大千世界的种种规律,一定有一个或者几个终极理论可以解释,所以在数学的研究上,数学家们倾向于把众多的概念统一变为一个大一统的概念,让其他的概念都成为大一统概念的分支。而在从具体到抽象,再到大一统的过程中,普通词汇已经无法说明,只能发明出一些更新的词汇来解释它,测度论的英文是measurethoery,直译就是测量理论的意思,因为不管是长度、面积和体积都需要测量。

77

刨根问底的数学

数理逻辑是什么

在任何一门数学门类的证明中，都有大量的"因为"和"所以"。这看起来显而易见的推广，其实并不是那么理所应当。"因为"和"所以"能连接在一起，有着深刻的逻辑原理，而在数学上对这种逻辑原理的研究也自成一个体系，这就是数理逻辑。

其实除了数学，任何一门学科，甚至日常生活中都存在着大量的逻辑。比如下雨天，人们出门要打伞；肚子饿了要吃饭，口渴了要喝水。对于这样的问题，我们可以认为下雨时，雨水会把人淋湿，而人被淋湿会生病，所以要用伞为人挡雨；肚子饿和口渴是因为人体对食物和水分有了需要，为了补充食物和水分，人们才需要吃喝。这些实际的问题看起来并没有什么好讨论的。但数学公式并不会生病、肚子饿和口渴，也能得到结论。由条件推出结论仍然需要数学家们进行深入的研究。如果要理解什么是数理逻辑，首先要知道几个概念，第一个是命题。所谓命题，指的是那些能够判断真假的语句。比如"今天是星期二"，或者"人类在一百年之后能登上天王星"。我们可以根据具体情况来判断今天是不是星期二，即能确定它是对还是错，而对于后者，虽然我们暂时无法判断，但一百年之后就可以判断它的真假。这两个都是命题。在数理逻辑中，命题是可以进行计算的，这里的计算不是数字中的加减乘除，而是使用逻辑联结词："或""且"和"非"进行连接。比如"今天是星期二"和"今天是星期四"这两个命题用"或"连接，就等于一个新的命题"今天是星期二或星期四"。需要注意的是，如果用"或"连接两个命题，只要这两个命题其中有一个正确，那么新的命题就正确。而"且"不同，需要两个命题都正确，才能判断新命题正确。这就是数理逻辑中的"命题演算"。

除了以上三个逻辑联结词以外，还有一些运算规律可以简化命题之间的演算，比如同一律、吸收律、双否定律等。而这些法则正是数字运算中的交换律、结合律和分配律的原型。

数学中的逻辑推理依赖数理逻辑中另外一个基础"谓词演算"。在"谓词演算"

中,蕴含着更多深奥的逻辑思想,在这里就不赘述了。

在数理逻辑的发展中,莱布尼茨提供了最重要的思想。17世纪的时候,莱布尼茨就设想过创造一种"通用的科学语言",把推理过程像数学一样进行计算出来,但当时他的想法太创新了,数学界还没有足够的累积来实现这一宏伟目标,莱布尼茨只能作罢。到了19世纪中期,各种数学蓬勃发展,更多的数学家有了莱布尼茨的想法,而数学上的工具也准备充足,数理逻辑才姗姗来迟。1847年,英国数学家布尔发表了《逻辑的数学分析》,建立了"布尔代数",他创造一套符号系统,并建立了一系列的运算法则,初步实现了莱布尼茨的宏愿。而真正使数理逻辑成为数学中一门独立分支学科的是德国数学家弗雷格。他在1884年出版的《算数基础》一书中引入了量词的符号,完善了数理逻辑的符号系统,完成了这门学科的理论基础。

在数学的所有分支学科中,数理逻辑学就像一个武功高强的隐士,虽然它不参加江湖中的各种纠纷,也不在乎其他数学分支学科发展到什么程度,更不关心什么猜想被证明出来,但它的地位是任何一个数学学科都无法企及,并且不能撼动的。而如果这个隐士发了威,整个数学界都会翻天覆地。在第三次数学危机中,这个隐士只发了一点小脾气,数学差一点就失去了可信度,变成一个人类自娱自乐的"伪科学",而哥德尔关于公理化体系的不完备的证明,也仅仅是隐士随便显露出的冰山一角,却让整个数学界有了久旱逢甘霖的畅快淋漓。

小知识

根据命题的定义,所有的命题都可以写成"若 p,则 q"的形式。在命题的运算中有负命题、否命题和逆命题的区别,负命题是对命题中 q 的否定,即"若 p,则 $\neg q$";否命题是 p 和 q 都否定,即"若 $\neg p$,则 $\neg q$";逆命题是把 p 和 q 颠倒,即"若 q,则 p"。比如原命题(不去判断其正确性,只从形式上研究这个命题)"$a>0$,则 $a-1\leqslant 0$",它的负命题为"$a>0$,则 $a-1>0$",否命题是"$a<0$,则 $a-1>0$",逆命题是"$a-1\leqslant 0$,则 $a>0$"。

78

组合数学是什么

1850 年,在英国的一本杂志中记载了这样一个问题:一个女教师每天带领班上的女生散步,班上一共有十五个女生,教师计划每天带其中三个女生散步,她采用了这样的方案:每天都把这些女生平均分成五组,带走其中的一组,问题是,能不能做出一个散步七天的计划,使任意两个女生都曾被分到一组且仅被分到一组一次,也就是说,随便从十五人中挑出两人,她们在一周所分成的三十五个小组里必在一组中见过一面,且仅见一面。这就是数学史上著名的"十五个女生"问题。这个问题一经提出,引起了很多数学家的兴趣,很多数学家都给出了自己的解答,他们互通有无后发现,这些解答都是合乎要求的,也就是说,这个问题的解答不是唯一。

这个问题的提出者是英国的科克曼。严格来说,科克曼并不是一个数学家,他的职业是教会的一个负责人。科克曼的父母并不重视他的教育,以至于科克曼在成年以后为没有受到良好教育而感到遗憾,不过好在他的工作比较清闲,有大量的业余时间可以研究数学。在科克曼的努力下,他的数学水平也得到了提高,赢得了当时英国很多数学家的肯定。而他提出的"十五个女生"的问题,更是让他在数学界里声名远扬。

数学家们对这个问题非常感兴趣,用了各种奇妙的方法解答。在反思解题过程时,数学家们惊奇地发现,自己用的方法既不是分析学也不是代数学,更不可能是几何学,而是一种从来没有研究过的数学分支学科。由于"十五个女生"问题是对人进行分组,所以这门学科就叫作组合数学。

组合数学又叫作离散数学,是研究离散对象的数学分支科学,比如计算数量的问题。其中包括图论、代数结构等内容,有时也把数理逻辑包含其中。离散数学的基础是组合计数,在这里我们可以举一个排队的例子:三个人站成一排有多少种站法,我们可以用 A、B、C 代替这三个人,那么站法就有 ABC、ACB、BAC、BCA、CAB、CBA 六种站法;如果要求计算十个人站成一排,一个个查是很困难的事情,如果有了组合计数工具就可以很快地算出来。

除了组合计数以外，组合设计也是组合数学中重要的内容。组合设计和多项式理论、数论、不定方程等其他数学对象有着深刻的联系，其中出现了鸽巢原理、拉姆齐定理和波利亚定理等重要定理。

组合数学在计算机科学中有着重要的作用，广泛应用在编码学、密码学和算法优化上。如果把微积分看成是现代数学发展的基础，那么组合数学就是计算机科学发展的基础。除此以外，组合数学在企业管理、战争指挥和金融分析上有着重要的作用，如何去设置管理方法，如何分配兵力，如何合理配置资产，这些都是组合数学家需要考虑的问题，一旦在这些领域中使用了组合数学，就会大大降低各类损耗，提高效率和效益。

中国数学家陆家羲是国际上顶级的组合数学专家，他在环境不利的条件下，利用课余时间从事组合数学的研究。陆家羲最杰出的贡献是在"斯坦纳系列"上的证明，他创造出独特的引入质数因子的递推构造方法，解决了组合数学中组合设计理论多年未解决的难题。

这样一门不断发展且越来越重要的数学分支学科，在研究中却不需要太多高深的理论和数学基础。有位数学教授对数学系学生说过的一段话似乎可以证明这一点：如果你考入了数学系，在本科系学习期间没有打好数学基础，只有高中数学的功底，快毕业的时候发现自己还是真心喜欢数学，那么你可以研究组合数学，它不需要太多大学数学的内容，有高中的基础就可以了。这位数学教授可能只是在开玩笑，但也从某个方面说明了组合数学入门很简单。

小知识

组合数学中有一个重要的定理叫作抽屉定理或者鸽巢定理，它的基本描述是把大于 n 的数量的物体放在 n 个抽屉里，其中至少有一个抽屉里有两个物体。这个定理显而易见，却可以解释很多问题，比如五双鞋随意选出其中的六只，其中成对的鞋至少有一双，或者三百六十七个人中，至少有两个人生日完全相同。

79

多少岁的人算老人？

模糊数学是什么

时光飞逝，几十年的时间就可以把一个青壮年变成耄耋老人，生老病死是自然界中再正常不过的道理，但你有没有想过，人是在哪天突然变老的呢？对于这种观点很多人都会反驳——人是慢慢变老的，并不是某一天才产生突变。那么第二个问题来了，中年和老年的分界在哪里呢？对于这样模糊的问题，数学中有一门专门研究它的学科——模糊数学。

模糊数学是研究和处理模糊性现象的一种数学理论和方法。1965年之后，数学家们开始把目光投射到现实世界中界限不明确的事物中，形成了模糊数学的概念。模糊数学的创始人是研究控制论的美国人扎德，所谓控制论是指研究机器、生命社会中控制和通讯的一般规律的科学，是研究动态系统在变的环境条件下，如何保持平衡状态或稳定状态的科学。既然是控制的规律，就难免遇到界定不明的数学对象。比如"老人"就是一个模糊的概念。

扎德认为，虽然"老"过于模糊不符合集合的确定性，但并不妨碍从另外一个角度来定义"老人"，他计划用一个数来描述"老"的程度。首先可以肯定的是，四十岁的人一定不是老人，七十岁的人一定是老人。那么给四十岁"老"的程度定义为0，把七十岁"老"的程度定义为1，这样其他的年龄就可以指明其老的程度了，比如四十岁和七十岁中间的五十五岁，"老"的程度值为0.5。而符合0到1之间"老"的人——我们可以称为"半老"——组在一起，就是模糊集合。扎德在他的论文《模糊集合》中提到了这一点，他创造性地把集合论扩展成模糊集合论，并以此为基础，定义了模糊函数的概念，就这样，模糊数学就诞生了。

老人"老"的程度，在模糊数学中被称为模糊度。模糊度的定义是这样的：

一个模糊集 A 的模糊度衡量、反映了 A 的模糊程度，设映射 $D: F(U) \rightarrow [0,1]$ 满足下述五条性质：

清晰性：$D(A)=0$ 当且仅当 $A \in P(U)$.

模糊性：$D(A)=1$ 当且仅当 $\forall u \in U$ 有 $A(u)=0.5$.

单调性：$\forall u \in U$，若 $A(u) \leqslant B(u) \leqslant 0.5$，或者 $A(u) \geqslant B(u) \geqslant 0.5$，则 $D(A) \leqslant D(B)$.

对称性：$\forall A \in F(U)$，有 $D(Ac) = D(A)$.

可加性：$D(A \bigcup B) + D(A \bigcap B) = D(A) + D(B)$.

则称 D 是定义在 $F(U)$ 上的模糊度函数，而 $D(A)$ 为模糊集 A 的模糊度。

在老人的例子中，清晰性对应着四十岁和七十岁人的不是老人和是老人的性质；模糊性指的是在四十岁和七十岁之间的"老"是模糊的；单调性说明了在"老"的年龄范围中，年龄大的要比年龄小的更"老"。

模糊数学名为"模糊"，是因为相对于普通数学的精确，它研究物件比较模糊，但和精确数学一样，模糊数学得到的结论一点也不模糊。有趣的是，迄今为止的模糊数学，就像镜子中精确数学映出的光影。精确数学中有线性空间、模糊数学中就有不分明线性空间；精确数学中有分析学、代数学、测度和积分，模糊数学中就有模糊分析学、模糊代数学、模糊测度和积分。这看起来似乎在和精确数学赌气，但实际上确实是存在的，而且很多领域的研究和精确数学一样深入。

模糊数学的研究主流和精确数学不同，它主要在应用方面得以发展。医学研究、气象预测、语言分析等有着大量模糊的研究对象，模糊数学在些领域中被大量应用。此外，随着计算机科学的发展，在模式识别和人工智能方面，模糊数学也让计算机一定程度上"具备"了人类的思维，发挥着重要的作用。

小知识

　　很多电子游戏中会用到模糊数学的方法。在类似于"打飞机"的游戏中，如果飞机被炮弹正好击中，失去生命值数量最多；如果只是擦边碰到了炮弹，生命值损失很小。这时就可以制定一个阈值——飞机和炮弹接触的程度，通过判断阈值大小来判断飞机减少的生命值。

80

数学在工程上的应用
计算数学是什么

随着科学的发展,人类的技术不断革新,创造出各式各样的工程学。从最早的土木工程、机械工程,到后来的车辆工程、航天器工程,再到现在的计算机工程和金融工程,只要涉及有程序地改造物质和能源,变为有利于人的活动,都能称为工程。在各种工程中,不可避免地要出现大量的数据,计算这些数据也成为每个工程师必须考虑的问题。而这些问题可以用数学中的计算数学来解决。

计算数学也叫作数值计算方法或数值分析。顾名思义,计算数学是采用各式各样的数学工具,对量化以后的工程数据进行计算,以满足各种要求。在这里,计算数学并不是简单的加减乘除,它还要采用很多其他数学分支的工具,比如代数方程、线性代数方程组、微分方程的数值解法,函数的数值逼近问题,矩阵特征值的求法,最优化计算问题,概率统计计算问题等等。可以说,是集数学所有分支之大成的应用数学。

工程中的很多问题都可以转化成对一个方程式求解的问题。我们知道,五次和五次以上方程组没有求根公式,也就是说没有通用的解法,甚至没有解法,那么应该如何求解呢?在这里,计算数学中的逼近论就可以解决这个问题。假设我们透过画图知道了方程 $f(x)=0$ 在区间 $[a,b]$ 上只有一个根,且连续不断,就可以通过不断地把方程 $f(x)=0$ 的根所在的区间一分为二,使区间的两个端点逐步逼近这个根,进而得到根近似值。这个方法又叫作二分法。虽然用二分法得到的根不是准确的值,但对工程使用来说已经完全足够,而且工程上的精确程度,哪怕是小数点后一百位,在二分法中都可以计算出来。实际上,二分法只是最简单的一种求根方式,计算数学中还有各种经过优化后的逼近方式可以用来求根。

既然计算数学中只能得到一个近似的根,那么新的问题出现了:近似根和精确根之间的误差一定会存在,能否找到一个方法,在简化运算的同时使误差尽可能小;如果需要把两种计算结果进行运算,得到结果的误差和之间两个结果的误差有什么关系。

在计算中,工程师还会遇到各种复杂的函数。这些函数看起来千奇百怪,如果对它们进行运算,比如微分或者积分、拉普拉斯变换等,计算量会很大,这时就需要找到一个简单的函数来代替它。在计算数学中,数学家们使用泰勒公式对函数进行变形,把它变成一个近似的多项式函数,两个函数的差别在允许的误差之内,这样计算起来就很方便了。

除了简单的运算外,工程上还要求求解一些微分方程的数值解,或者处理一些矩阵的变换。因此计算数学也包括常微分方程、偏微分方程和矩阵论的内容。毫不夸张地说,只要是数学中涉及运算的学科,都可以包括在计算数学中。

作为上个世纪最伟大的发明,计算机在各方面发挥着重要的作用,但实际上计算机并不知道如何工作。工程师们需要把实际问题转化成计算问题,这些计算问题的方法被称为算法,数学家们把算法用加减乘除、开方等简单计算翻译过来按照一定逻辑输入计算机,计算机才能看得懂,经过计算得到最终的结果。当今计算机软件领域,实际上就是算法的领域。一个优秀的算法要同时具备既能解决问题,又能节约运算能力和记忆体等计算资源的特点,而计算数学恰好就是研究算法的学科。

很多工程和工艺的进步依赖于计算数学的进步,甚至在工程和工艺上的突破很多都是计算数学完成的。在应用领域中,计算数学集众多分支数学之长,且位于所有分支数学之首,无愧为"应用数学之王"。

小知识

在一个未知的函数上有几个已知的点,通过已知的点坐标求未知函数的方法叫作插值演算法。在计算数学中,插值算法分为很多种,比如牛顿插值公式、拉格朗日插值公式和埃尔米特插值公式等。虽然这些插值公式得到的函数不一定是原来那个未知的函数,但在误差允许的范围内可以替代原函数进行进一步的计算。本书之前提及的最小二乘法就是插值算法中的一种。

81

用数学做出最优的决策
运筹学的发展

《史记》中《孙子吴起列传》记载了这样一个故事：田忌经常和齐国的几个公子赛马，并且下了很大的赌注。孙膑发现他们的马脚力相差不多，并且都根据马的等级分为了上、中、下三等。孙膑对田忌说："您只管下大赌注，我帮您取胜。"田忌相信了他，下了千金与齐王和公子们赌马。

比赛快要开始了，孙膑说："您用下等马与他们的上等马比赛，用您的上等马与他们的中等马比赛，用中等马对付他们的下等马。"三场比赛结束后，田忌以二比一赢得了胜利，最后赢得了千金赌注。这就是著名的田忌赛马的故事。这个故事看起来是一个策略的问题，但数学家们把它翻译成了数学语言，进而发展成一套理论——博弈论，而博弈论只是运筹学的一个分支。

运筹学是一应用数学和形式科学的跨领域研究学科，它利用统计学、数学模型和算法等方法，去寻找复杂问题中的最佳或近似最佳的解答。对于生活中的各种复杂问题，运筹学使用各种数学工具，优化

孙膑

资源分配，提高效率，即在已有的条件下，经过筹划、安排，选择一个最好的方案，就会取得最好的效果。可见，筹划安排是十分重要的。

运筹学的起源可以追溯到第二次世界大战时期，随着战事的进展，各种军事资源日渐匮乏，美国开始寻找节省资源的方法。各种军事管理组织开始雇佣大量数学家研究战略、战术和物资分配，而这些人就是最早有意识进行运筹学研究的数学家。运筹学在第二次世界大战时期发挥了重大的作用，这也让很多原本质疑数学家能力的人闭上了嘴，运筹学也顺理成章地发展起来。

战争结束后，工业恢复了发展。工业与日俱增的复杂程度，促使企业把这些工

业流程分成若干部分,进行专门化的研究和生产。以一架飞机为例,它的发动机在法国生产、机身在巴西制造,而控制系统则由德国研制,最后再运到美国进行组装。既然工业生产需要协作完成,那么如何合理配置这些部分,如何安排工作就成了一个重点。就这样,战争中立下大功的运筹学再次重出江湖,在工商企业中继续发挥着重大的作用。看到了运筹学的价值,很多国家开始致力于运筹学的研究和推广,在 1959 年,国际运筹学协会因此宣告诞生。

运筹学的应用广泛,它的研究对象也不像其他数学科目那么高深,听起来比较接近实际,它所包含的内容也很多,有规划论、排队论、决策论、博弈论、搜索论和可靠性理论,这些都是其研究的重点。其中规划论的内涵最丰富,在满足某些要求的条件下,找到问题的最优解,比如某工厂有两种原材料用来生产两种商品,如何分配两种商品的生产数量,才能在原材料充足的情况下,获得最大的利润。根据不同的特点,规划可以分为线性、非线性、整数和动态规划等。

排队论是另一种应用广泛的运筹学理论。我们知道大型机场要承担很多飞机的起降,飞机经常要排在一个队伍中,等待它的起飞指令,而准备降落的飞机也经常遇到没有跑道需要在机场上空盘旋的情况,如何用有限的跑道承担更多的起降任务就成了一个运筹学问题。此外,在车票分配、港口建设中,排队论也有很大的作用。

在田忌赛马的故事中,孙膑采用的方式就是运筹学中的博弈论。博弈论是两人在平等的对局中各自利用对方的策略变换自己的对抗策略,达到取胜的目的。1928 年,数学家冯·诺伊曼系统地创建了这个学科门类,并在此后的工业生产和经济学上广泛应用。而自从博弈论诞生以来,很多次诺贝尔经济学奖都授予了研究博弈论在经济学上应用的数学家和经济学家。

小知识

在运筹学中,有一个名词叫作"动力系统"。在数学中,动力系统并不是车辆发动机和动力传输的部分,而是在一定规则下,一个点在空间中随着时间变化的规则。由于这个"点"的不断变化,所以数学家们需要找到其中最优化配置的时间,比如,如何制定休渔期和捕捞期等,显然,动力系统也是运筹学的一部分。

第十章

著名的数学家和数学团体

82

与康熙有私交的数学家

莱布尼茨

　　莱布尼茨 1646 年出生,二十岁时获得了博士学位,但此时的莱布尼茨对学术并不感兴趣,虽然有一份大学的教职在等着他,他还是放弃了。后来,莱布尼茨经人介绍到一个天主教地区的法院工作。法院的工作很清闲,这让莱布尼茨感到很无趣,于是他开始从事科学方面的研究,当时欧洲的科学研究刚开始兴起,几乎所有的领域都百废待兴,在这段时间里,莱布尼茨撰写了《抽象运动的理论》和《新物理学假说》,分别投递给法国科学院和英国皇家科学院,获得了一致好评。

　　和很多不善言辞的数学家相比,莱布尼茨似乎更乐于并善于交际。在法院工作一段时间以后,莱布尼茨开始涉足政治领域,他投靠在一个贵族门下,从事反对法国国王路易十四的活动。虽然莱布尼茨最终没有完成任务,却结交很多巴黎学术圈的人士,而正是与这些人的交流产生了灵感,莱布尼茨最终做出了他一生最大的贡献——发明微积分。

　　在莱布尼茨四十岁的时候,他接受了另一个贵族的委托研究贵族族谱,为了搜集资料,莱布尼茨只身前往意大利。当时的意大利虽然在科学上没有什么突出的贡献,但却是东西方交流的中心,意大利人马可波罗就曾经到中国游历,甚至担任官员,在意大利掀起了中国热。

　　在意大利,莱布尼茨认识了曾经到过中国的汉学大师若阿基姆·布韦。

　　从布韦那里,莱布尼茨了解了当时中国的一切。富庶的中国地大物博,比整个欧洲的面积还要大,中国此时正处在一个名叫"清"的王朝的统治下,不管生活所用还是生产,那里的富有都不是贫瘠的欧洲能相比的,人民安居乐业,国家机器运转良好,更重要的是,和法国国王路易十四相比,他们的皇帝更贤明和勤勉。这个叫作康熙的皇帝对欧洲的科学技术也很感兴趣,他甚至为了能学习到欧洲先进的数学知识,允许西方的传教士传播基督教,并且聘请他们为自己的私人教师。

　　莱布尼茨听到这个消息很兴奋,他决定亲自给远在东方的康熙皇帝写一封信,表达自己的崇拜之情。在给康熙皇帝的书信中,莱布尼茨写道:"我怀着万分崇敬的心情给您写这封信,作为一名法兰西数学家,我敬闻陛下您对数学和其他自然科学很感兴趣,每日可以闭门三四个小时学习几何学、三角学和天文学,您又是中国最大的考试主考官,具备无所不通的知识,于是把我亲自发明的机械计算器呈上。"

原来,莱布尼茨那时正在研究二进制,他从中国古老的《周易》发现了二进制的思想并把它用在了自己的研究中,发明了莱布尼茨乘法器。虽然之前帕斯卡发明过加减法的计算器,但莱布尼茨没有参考帕斯卡成果不仅制作了能加减的部分,而且制作了能乘除的部件,甚至还能用来开方。直到 1948 年,IBM公司在产品中还使用莱布尼茨发明的结构。

康熙读书像

莱布尼茨把这台计算器委托阿基姆·布韦带给康熙皇帝。据传言康熙皇帝收到机器后赏赐了莱布尼茨。康熙皇帝对此机器评价甚高,但也只是使用过几次就摆在藏宝阁的红色盒子中珍藏起来,不闻不问了。

莱布尼茨中年到晚年一直致力于对西方哲学和中国传统哲学的比较研究。他亲自为阿基姆·布韦用法语撰写的《康熙传》翻译成拉丁文,还写了《论中国伏羲的二进制数学》。他倡议在欧洲各国设立中国研究院,在中国设立欧洲科学研究机构。

尽管康熙皇帝精通当时的科学知识,但认为这些只是奇技淫巧,便没有把崇尚科学的精神在中国提倡下去。

小知识

在清朝,西方传来的数学著作中已经提到了当时欧洲著名的数学家,但名字的译法和现在多有不同,以微积分的发明者牛顿和莱布尼茨为例,牛顿在当时被译为"奈端",而莱布尼茨被译成"来本之"。比如牛顿撰写的《自然哲学的数学原理》一书,在 19 世纪的汉译本名称为《奈端数理》;1859 年,李善兰和伟烈亚力合译的《代微积拾级》的序言中也写道:"康熙时,西国来本之、奈端创微分、积分二术"。

83

伟大多产的数学家

欧拉

　　莱昂哈德·欧拉是数学界公认的四位最伟大的数学家之一。和其他三位相比，欧拉在数学界之外的名气并不大，没有让人津津乐道的故事。他不像阿基米德有撬起地球的豪言壮语、像牛顿被称为科学的巨人，也没有高斯在刚学会说话就能计算的天赋，但确实和其他三位数学家的贡献不分伯仲。

　　欧拉 1707 年出生在瑞士巴塞尔的一个牧师家庭，父亲希望欧拉能成为一个神学家，顺便教他一点数学，但没想到欧拉自己在研究帆船桅杆后写了一篇论文，并且获得了法国科学院的奖金。从此以后，父亲就再也不干预欧拉学习数学了。

　　欧拉十三岁的时候进入巴塞尔大学就读，十五岁毕业，十六岁获得硕士学位。欧拉的研究工作大致可以分为三个时期：前圣彼得堡时期、柏林时期和后圣彼得堡时期。欧拉的大学老师约翰·伯努利有两个儿子在位于圣彼得堡的俄国皇家科学院工作，其中一个儿子病逝后，约翰·伯努利便推荐欧拉接替他儿子的职位。1727年，欧拉奔赴俄国。

　　在圣彼得堡时期，由于支持科学院研究的凯瑟琳女沙皇病逝，科学院的待遇每况愈下，这引起了约翰·伯努利儿子丹尼尔·伯努利的反感，他只能返回瑞士，留下欧拉一个人在俄国工作。在俄国工作期间，欧拉在数论、弹道学、力学上取得了很多成果，他甚至还担任过俄国海军的军官、生理研究所所长，帮助地理所的科学家们绘制了俄国全境的地图。而欧拉也因为工作强度过大，导致自己右眼失明。

　　欧拉在俄国的生活并不如意，俄国沙皇愈加不重视外国的科学家，让他们这些离乡背井的西欧人总受到俄国贵族的歧视。

　　1741 年，普鲁士腓特烈大帝听说欧拉的科学研究很广泛，水平很高，于是邀请他来柏林科学院工作。在柏林科学院的时候是欧拉一生中最多产的时光，在这里他写下了一生中最重要的两本著作：《无穷小分析引论》和《微积分概论》。不幸的是,欧拉由于用眼过度,左眼得了白内障,他近乎成为一个盲人。

但天生乐观的欧拉并没有放弃,从年轻时起开始,欧拉就有意识地锻炼自己的记忆力和心算能力,以至于十七项的函数级数都能很快地心算出来,精确到小数点后五十位,而一般的数学家在纸上演算都没有他准确。

在欧拉最后的时光里,他又回到让他成名的圣彼得堡,在那里,他的儿子 A.欧拉当他的书记员,帮助欧拉写作和计算。

欧拉一生都积极乐观,即使失明也没有任何沮丧,甚至还可以与友人谈笑风生;周围环境再嘈杂,欧拉也能不受其影响而潜心研究;欧拉喜欢小孩子,他工作的时候,经常把小儿子抱在腿上,把大儿子放在书桌上,一边和他们玩耍一边写论文;欧拉是一个品德高尚的人,欧拉有名气的时候,法国数学家拉普拉斯还只是一个十九岁的年轻人,拉普拉斯曾经向欧拉请教数学问题,为了能帮助年轻的数学家出名,欧拉把自己相同的研究成果压下来,帮助拉普拉斯发表成果,对此拉普拉斯说,欧拉是所有数学家的老师。

1783 年 9 月 18 日,欧拉在晚餐后和小孙女玩耍。在捡烟斗的时候,欧拉突然抱着头说:"我死了。"然后再也没有起来。迄今为止,任何一本关于欧拉生平的著作都会引用孔多塞的一句话:欧拉停止了计算和生命。就这样,一位品德高尚、学术精湛的数学家与世长辞。

第六版十元瑞士法郎正面的欧拉肖像

欧拉在科学上的贡献很多,他广泛涉猎每个数学分支,从分析到代数,从几何到拓扑,任何一门数学都有欧拉的成果。欧拉方程、欧拉恒等式、欧拉定理等出现在各类数学教材、专著和论文中。欧拉一生写下了八百八十六本书籍和论文,平均每年写八百多页,甚至他失明之后也没有受到任何影响。欧拉逝世以后,俄国科学院整理他的研究成果就用了四十七年,八十年之后,数学刊物还在刊登欧拉的论文。

小知识

　　很多杰出的数学家在小的时候就表现出惊人的天赋。相传欧拉在小时候还没有学会说话,就已经学会计算了,甚至已经知道了周长一定时,在所有围成的图形中,圆的面积最大。欧拉在小学的时候,屡次被学校开除,原因竟然是问题太多,以至于老师都无法回答。

84

微分几何之王

陈省身

尽管华人在思辨能力和数学上弱于西方人,同时中国的数学在世界上也不处在领先地位,但中国仍然有一些有杰出成就的数学家,其中微分几何领域大师,曾被称为"微分几何之王"的陈省身就是其中杰出的代表。

陈省身1911年出生在浙江嘉兴,1926年进入南开大学数学系,师从数学家姜立夫,后来进入清华大学研究生院跟随孙光远博士学习几何。在当时的清华大学数学系有两位最出色的学生,陈省身就是其中一位,而另一位是著名数论学家华罗庚。根据诺贝尔奖得主、著名物理学家杨振宁描述,陈省身和华罗庚都是属于非常聪明的人,如果老师给两个题目,华罗庚一定会很快给出答案,而陈省身会在一个月之后才给出答案,同时给出涉及这个问题的一套完整的理论。在数学研究中,解决问题很重要,但更重要的是能找到问题中蕴含的数学原理,同时把这个问题推广发明出新的理论,而陈省身明显属于后者。

1934年,陈省身得到政府资助,到德国汉堡大学攻读博士学位。在德国,陈省身的几何水平突飞猛进,仅用一年多的时间就利用《关于网的计算》和《$2n$维空间中n维流形三重网的不变理论》获得博士学位,博士论文还入选了汉堡大学数学讨论会论文集。

真正让陈省身成为数学大师的是在法国的时光。博士毕业以后,陈省身前往法国向亨利·嘉当学习微分几何,亨利·嘉当是当时国际微分几何学的权威,而他的父亲埃利·嘉当是微分几何界的泰斗。当时埃利·嘉当的年龄已经很大了,但每两个星期会和陈省身见一次面,对他进行点拨,而剩下的工作都由亨利·嘉当完成。听君一席话,胜读十年书,在嘉当父子的帮助下,陈省身的微分几何水平逐渐步入巅峰,同时也逐渐扩大自己在数学界的名声。

1937年夏天陈省身回国时恰逢日军侵华,他随着清华大学转战云南昆明,在清华大学、北京大学和南开大学合并的西南联合大学讲授微分几何。在西南联大期间,陈省身把主要精力都放在教学上,很少有时间从事研究。直到五年后,应美

陈省身

国普利斯顿高等研究院邀请,陈省身担任研究员。随着欧洲的政局不稳战火不断,很多欧洲科学家都应邀去美国发展,他们大多数都进入了普林斯顿高等研究院,这时的普林斯顿俨然已经成为世界数学和其他自然学科研究的中心。在这里,陈省身写下了微分几何界划时代的论文《闭黎曼流形的高斯——博内公式的一个简单内蕴证明》和《埃尔米特流形示性类》。

抗日战争胜利后,陈省身回到中国,担任南京中央研究院数学所所长,培养了一批知名的拓扑学家。1949 年初,陈省身受到著名物理学家奥本海默的邀请,再次前往美国,并于 1960 年后加入美国国籍,1961 年,陈省身被评选为美国科学院院士,成为当时美国数学会副会长,直到 1980 年退休,陈省身一直在美国加州大学伯克利分校工作。

虽然已经加入了美国国籍,但退休以后的陈省身把余生奉献给了中国。从 80 年代开始,陈省身就经常回国,协助创建南开大学数学研究所,为中国青年数学家与国外交流搭建桥梁,而现在南开大学和南开大学数学研究所也成为中国数学的中心之一。2002 年,在陈省身的努力下,国际数学家大会在北京召开,而这次会议也成为历史上最大的一届数学会议。

在华人数学家中,陈省身有着至高无上的地位,在俄罗斯评选的 20 世纪数学家排名中,陈省身排在第三十一位;对几千年来几何学家排名,陈省身位列欧几里得、高斯、黎曼、嘉当之后,成为名副其实的现代微分几何之父。他的学生丘成桐也深得其真传,获得了菲尔兹奖和沃尔夫数学奖。

小知识

晚年的陈省身仍然非常关注青少年的数学教育。在他的倡议下,中国少年科学院在 2002 年推出了走进美妙的数学花园论坛,并设置了相应的竞赛——走美杯,并向全国少年儿童推广,同时当时九十一岁高龄的陈省身还为这个活动题词——数学好玩。目前,走美杯已经成为中小学生中最知名的数学竞赛之一。

85

不为政治折腰的数学家

柯西

对普通人来说,理论科学家的研究实在太遥远了,即使是经常听说的爱因斯坦的狭义和广义相对论,还是波尔的量子力学,都和普通人的生活没什么关系,而对于数学家的研究成果普通人就更没有概念了。正是因为对科学家的不了解,以至于他们很容易被贴上"圣人"的标签。

1789 年,柯西出生在法国一个律师家庭。柯西的父亲与当时法国著名数学家拉格朗日和拉普拉斯是好朋友,经常带着柯西到他们家中做客。两位科学家发现柯西有着极高的数学天赋,于是建议柯西的父亲让他先学习文学,然后再进行专业的数学训练。于是年少的柯西在父亲的帮助下学习了大量文学作品,累积了很高的文学素养。

1802 年,柯西进入中学学习,由于他良好的文学素养和数学天赋,每次考试都名列前茅。在大学时,柯西学习了数学和力学,毕业后成为一位工程师。在工作之余,柯西通读了拉格朗日的《解析函数论》和拉普拉斯的《天体力学》,在拉格朗日的帮助下,柯西向法国科学院提交了两篇拓扑学和积分学论文,同时把函数的研究成果应用在流体力学中,这些给他带来了无限的名誉,使他年少成名。

柯西

当时的数学家都有很深的政治背景,像拉格朗日等人不仅在科学院工作,而且还担任地方行政长官,对出身社会名流的柯西来说,政治也不可避免。柯西受他父亲政治主张的影响,属于保皇派,任何革命行动都无法使他的政治信仰动摇。在柯西生活的年代,法国波旁王朝两次复辟,三次灭亡,但柯西都拒绝向新皇帝效忠,甚至被驱逐出国,流亡到捷克和意大利,直到法国废除宣誓规定后,柯西才回到巴黎。到拿破仑三世恢复效忠的时候,面对执拗的柯西,法国皇帝没有办法,只能宣布柯西可以免除宣誓效忠。

在柯西等数学家和物理学家的努力下,法国通过了一项迄今所有学术界最大的成就:大学教授享受学术自由,他们不需要为任何一个政权效忠,也不用更改自己的政治信仰。这是对科学家和知识分子最大的尊重。而后这个规则很快就被世界各国模仿,大学成为学术自由的场所,也成为科学们免于政治迫害的保护伞。

在柯西的研究中期,他做出了在数学上最大的贡献——创立了极限理论。当时距离微积分发明已经历时一百多年,但微积分的基础仍然有很多漏洞,其中最大的问题是什么是无穷小。柯西利用不断趋近的极限理论漂亮地解释了什么是无穷小,解决了困扰数学家们一个多世纪的问题,在分析学中,柯西收敛准则、柯西不等式、柯西序列等成果几乎都是他靠着一己之力推出的。

所谓人无完人,柯西也不例外。柯西在成名并且成为法国数学界中流砥柱以后,似乎忘记了自己在年轻的时候曾经得到过当时如日中天的数学家拉格朗日和拉普拉斯帮助,才有了后来的成就。在法国科学院工作时期,柯西曾经犯过两次错误。挪威青年数学家阿贝尔曾经给柯西邮寄过有划时代意义的论文,甚至亲自拜访柯西,柯西认为挪威这个偏远的国家不会有什么人才,于是没有重视阿贝尔。而这直接导致阿贝尔找不到研究工作,在贫病交加中死去,年仅二十七岁。

法国数学家伽罗华也受到了柯西这种“待遇”,柯西甚至看都没看他的论文就直接将论文丢到角落里了,柯西同样没有改变伽罗华的人生轨迹,这个天才二十一岁就去世了。固然柯西对分析学的发展做出了不朽的贡献,但他拒人于千里之外,耽误代数学发展近一个世纪,也让人深感遗憾。

小知识

以柯西命名的数学定理和公式很多,其中最简单的是柯西不等式:
$$\sum_{k=1}^{n} a_k^2 \sum_{k=1}^{n} b_k^2 \geqslant \left[\sum_{k=1}^{n} a_k b_k \right]^2,$$ 即 $(a_1^2 + a_2^2 + \cdots + a_k^2)(b_1^2 + b_2^2 + \cdots + b_k^2) \geqslant (a_1 b_1 + a_2 b_2 + \cdots + a_k b_k)^2$,其中 $a_i, b_i, i = 1, 2 \cdots, k$ 都是实数。这个不等式可以用向量的方法证明。

86

英年早逝的天才

伽罗华

1832 年 5 月 30 日凌晨的巴黎有些阴冷,葛拉塞尔湖畔的两个年轻男子杀气腾腾地进行着殊死决斗。在决斗之前,他们签订了生死契约,约定在二十五步以外互相拿手枪进行互射,胜者可以带走他们心爱的女孩。突然一颗子弹划过冰冷的空气,其中一个年轻人还没有反应过来,子弹已经射入他的腹部,他应声而倒。这个年轻人就是近世代数的创始人埃瓦里斯特·伽罗华。

伽罗华 1811 年 10 月 25 日出生在一个知识分子家庭。伽罗华的父亲是一位出色的政治家,曾经担任市长。伽罗华年幼的时候并没有去学校读书,只是在家跟着母亲学习计算和文学。到了十二岁的时候,伽罗华进入路易皇家中学学习,尽管读书比较晚,之前也没有接受过专业的教育,但这并不影响他在学校的成绩。到了伽罗华十六岁的时候,他的老师发现伽罗华很有数学天赋,并且想法奇特、有原创力,于是有意识地教他更高深的数学知识。在老师的教育下,伽罗华放弃了其他所有的学科,潜心研究数学。由于伽罗华在其他学科上太薄弱了,考官又没有发现他在数学上的才能,于是伽罗华在报考大学的时候落榜了。

伽罗华的家境不错,有足够的钱支持他在家学习,两年之后,伽罗华把他关于代数方程解的论文——五次以上方程没有求根公式——交给法国科学院的数学家柯西主审,令人遗憾的是柯西没有重视这篇文章,丢在一边就忘记了。伽罗华发现,如果不进入大学学习,自己的研究成果很难被承认,于是加紧复习,准备再次报考大学。虽然这次伽罗华准备比较充分,但他的父亲由于竞争对手的中伤,含恨自杀了。家庭变故让伽罗华难以承受,心情受到了很大的影响,第二次考试也失败了。

经过几番周折,伽罗华终于进入了法国高等师范学校学习,他听闻很多著名数学家打压年轻的数学家,经过深思熟虑,他把之前的论文经过修改送到数学家傅里叶那里,没想到傅里叶准备研究伽罗华成果的时候,却突然病逝了,伽罗华的成果又一次被掩埋。

描绘法国七月革命的名画《自由引导人民》

接二连三的厄运让伽罗华变得更加极端,他开始涉足政治,变成了狂热的激进派。1830 年 7 月革命爆发,刚刚复辟的保皇党又被推翻,但巴黎高等师范学校的校长为了防止学生参与过多的政治事件,封锁了学校。伽罗华不明白校长的好意,在校刊上对校长进行抨击,学校忍无可忍,最后只能把伽罗华开除。出了学校的伽罗华变得更为激进,因为革命的反复,支持共和的伽罗华两次入狱。

在监狱里的伽罗华变得意志消沉,他曾经多次想到自杀,但最终还是被监狱医生给救活了。为了防止伽罗华再次自杀,医生决定让自己的女儿陪这个年轻人聊聊,毕竟年轻人之间能互相了解,也更有话说。见到了医生漂亮的女儿,伽罗华的情绪缓和很多,医生的女儿也被这个优雅的年轻人吸引,两个人相爱了。对伽罗华来说,这个女孩是他唯一的希望,他迫不及待地要出狱和这个女孩结婚。

让伽罗华始料未及的是,当他满心欢喜地出狱后,发现这个女孩在外面还有一个男朋友,而女孩犹豫不决,在伽罗华和那个人之间无法做出选择。

痛苦的伽罗华被愚蠢蒙蔽了头脑,决定与那个男人在五月三十日决斗。

在决斗的前一天晚上,伽罗华决定尽可能地把他在数学上的成果都写下来。从夜幕降临到子夜时分之前,笔尖划过纸面的沙沙声响彻在空荡房间的上空,伽罗华不停歇地在书的空白页上写着,他已经能预料到自己的死亡,于是他写道:"关于这些问题,我有很多奇妙的理论,但我已经没有时间了。"而正是这些几个小时撰写的草草的提纲，可以让世界上绝顶聪明的数学家们一起研究几百年。甚至在临行前，伽罗华委托他的朋友舍瓦利耶，把自己的论文转交给高斯和雅可比，请他们评价自己的工作。

伽罗华的早逝是数学界最大的遗憾，他就像一颗流星一样偶然降落在世上，又转瞬即逝。数学家们在评价伽罗华的工作的时候，无一不为他巧妙的构思和超强的洞察力感到惊叹，也无一不为他留下的深邃的理论感到困惑——不知什么时候才能完全理解——虽然这个对伽罗华来说很简单。

小知识

　　伽罗华用群论的思想解决多项式问题进而引出了一系列的理论，这些理论统称为伽罗华理论。这个理论不仅可以解释五次和五次以上方程没有求根公式，也可以解释高斯关于标尺做多边形的论证，还可以漂亮地解释古希腊三大几何作图问题中的两个，观点新颖、内容深邃。有数学家认为，伽罗华理论给数学界留下的工作至少需要两三百年才能完成。

数学界的无冕之王

希尔伯特

　　1900 年 8 月 8 日在法国召开的国际数学家大会上，一位并不出众的数学家震惊了在场所有的人。这位数学家列席数学史和数学教育两个小组，做了一个名为《未来的数学问题》的演讲，在演讲中，他提出了二十三个重要的数学问题，并号召全世界数学家联合起来一起解决。他就是著名的数学家——希尔伯特。

希尔伯特

　　希尔伯特出生在数学名城哥尼斯堡，在中学时期，就对数学产生了浓厚的兴趣。虽然父亲希望他学习法律，但他仍然坚持自己的意见，进入哥尼斯堡大学攻读数学系。仅仅经过四年的时间，希尔伯特就完成了大学全部课程，提前完成了博士论文的答辩。由于他优异的成绩和杰出的数学才华，希尔伯特留校任教并在 1893 年担任数学系教授。两年之后，希尔伯特应邀前往哥廷根大学担任教授，在那里结识了很多知名的数学家。希尔伯特获得过很多数学大奖，并且致力于培养年轻数学家，有"代数女皇"之称的诺特曾经在哥廷根大学工作，希尔伯特发现了她的才华，极力推荐诺特担任数学讲师，这引起很多其他教授的反对，他们认为女人能学习数学已经是对她们最大的宽容了，怎么能让女人在大学里教书呢？但希尔伯特力排众议坚持让诺特代课，甚至把自己的课也让给诺特。

　　希尔伯特也是一个反战人士，他利用自己的威望公开反对德国政府对其他国家的侵略行径，即使在第一次世界大战的时候，他也公开表示对被侵略国家数学家的同情。到了第二次世界大战前夕希特勒上台，他也不顾自己年事已高，坚持反对纳粹政府。

　　真正奠定希尔伯特在数学界地位的是他在第二次国际数学家大会上的演讲，在《未来的数学问题》中，希尔伯特高瞻远瞩，根据 19 世纪数学的进展对未来进行展望，整理并提出了二十三个数学问题。虽然在数学上提出问题并不是什么难事，但能提出包罗万象,有很深刻含义的问题却不是那么容易的事情。在希尔伯特时代,数学已经出现了明显的划分,每个数学分支都晦涩难懂,想要搞清楚其中几个都是很困难的事情,但希尔伯特在数学各个分支广泛涉猎,能理解每一个学科中的问题和进展。同时,希尔伯特有着深刻的眼光,他看到了哪些问题不容易解决并且有极强的推广价值,就把它列入二十三个问题中。

希尔伯特认为,每个年代都有每个年代的问题,这些问题有的能解决,有的暂时解决不了,但任何一个数学问题一定有它最终的结论。这些问题是最有价值的问题,解决了它们,数学会发生翻天覆地的变化。

现在距离希尔伯特演讲已过去了一百多年,希尔伯特二十三个问题中已经有一些得到了完美的解决,另一些却没什么头绪。在解决的问题上,很多结论都成了现在数学研究的重点,这也说明了希尔伯特的眼光独到、思想深刻。由于希尔伯特给各个分支学科的数学家指明了道路,所以他也被称为数学的无冕之王。

如果论品德的高尚和学术的前瞻性,没有一个数学家可以和希尔伯特相媲美。而关于希尔伯特的敬业也成为数学家们津津乐道的话题。有一则关于希尔伯特的故事是这样的:希尔伯特的一个学生因为车祸去世,作为知名数学家和导师,希尔伯特被学生的父母邀请在葬礼上致词。面对众多来宾,希尔伯特拿着演讲稿说道:我的学生在数学上有很高的天赋,在学业上也非常努力,他的英年早逝对数学研究来说是一个重大的损失……他的研究方向是函数论,说起函数论,有一个重要的结果,如果把可微函数看成是一个整体……希尔伯特说着说着,竟然开始讲起数学来,弄得嘉宾尴尬不堪。希尔伯特就是这样的一个人,他没有伽罗华的天才,也没有欧拉的高产,但谁也不否认他的努力,以及他对数学界做出的至高无上的贡献。

88

悖论的最终解决

哥德尔

在希尔伯特提出的二十三个问题中,第二个问题非常引人注目:能否建立一组公理体系,原则上都可以由此经过有限步骤推出一切数学命题的真伪,这就是公理体系的"完备性"。尽管这句话看起来很复杂,但我们可以换一种说法——能不能找到最基本的不用补充的一套理论,这套理论互相不矛盾,不管什么问题,都可以用这套理论证明正确或者错误。更进一步讲,不可能出现一个大一统的理论,可以证明所有事情,因为总会出现例外的情况。希尔伯特这个问题看起来和数学没有关系,实际上却属于数学的一个分支——数理逻辑。

希尔伯特之所以提出这个问题,是因为在不久之前发生了第三次数学危机,由于集合论出现了始料未及的问题,让数学家们开始怀疑自己的工作。希尔伯特期待数理逻辑学家证明他提出的这个问题的正确性,好让数学家们专心对他们的研究学科严格公理化,不用担心研究会出现什么逻辑问题,尤其是在很多猜想方面给数学家们信心,告诉他们一定能证明或者证伪,只是时间问题。但好景不长,这个问题被著名数学物理学家哥德尔证明了。

哥德尔出生在捷克的布尔诺,在他小的时候曾经受到了飞驰的马车的惊吓,从此性格变得内向、沉默寡言。强烈的刺激似乎对哥德尔的智力产生了重大的影响,哥德尔的成绩在学校里一直出类拔萃,但他一直为人谨慎小心,从来不出任何细小的差错。

1930 年,哥德尔在维也纳大学获得了博士学位,并留校任教。第二年,哥德尔证明了哥德尔不完备定理。

这个定理包括两条,第一不完备定理:任意一个包含一阶谓词逻辑与初等数论的形式系统,都存在一个命题,它在这个系统中既不能被证明也不能被否定;第二不完备定理:如果系统 S 含有初等数论,当 S 无矛盾时,它的无矛盾性不可能在 S 内证明。

这两条定理彻底击碎了很多数学家的梦想——寻找一个包罗万象的理论解释

一切事情是不可能的。据说希尔伯特听到这个消息，感到非常愤怒。他愤怒的不是哥德尔证明了这个定理，事实上他也想知道这个问题的答案，而是他的美好梦想的破碎，但事实就是事实，希尔伯特不得不接受这个结果。

数理逻辑学家们一直致力于消除那些似是而非的悖论，有的悖论是因为数学发展不完善造成的，而有的悖论纯粹因为逻辑的问题，其中有一个说谎者的故事就是这样的例子：一个人说"我说的话都是假的"。不论这个人说的是真是假都会产生矛盾。哥德尔定理说明了这种语义无法避免，在现有的逻辑下，你既不能判断它正确也不能判断它错误。

由于欧洲战火绵延，和很多其他科学家一样，哥德尔也来到美国。1938 年，哥德尔在美国普林斯顿高等研究院任职。

在这里他和爱因斯坦成为好朋友。爱因斯坦外向，喜欢交朋友，哥德尔内向没有什么朋友，两个人都是极度聪明的人，对话时往往只需要三言两语就明白对方的意图。

研究数理逻辑学的人很容易走入极端，就连问候语"你好"，都能让他们产生丰富的联想，而哥德尔就是这样的人。1948 年，爱因斯坦作为担保人介绍哥德尔加入美国国籍。在宣誓的前一天晚上，爱因斯坦再三叮嘱哥德尔在移民官面前不要乱说话，哥德尔答应了。

第二天在面试官面前，哥德尔欲言又止，最后终于忍不住了，他大声说道，

哥德尔和爱因斯坦

美国宪法有问题，这个问题可能会导致独裁！看到要出问题，站在一边的爱因斯坦马上转移话题，哥德尔顺利加入美国国籍。事后，爱因斯坦质问哥德尔，哥德尔说他实在无法容忍宪法的漏洞，实在憋不住要提出来。

爱因斯坦的死对哥德尔打击很大，让他失去了精神支柱。哥德尔在晚年得了精神病——很多过度思考的人都失去了正常的心理状态。他曾经和他的学生说，自己只能证明什么是错的，却无法证明什么是正确了。最后，可怜的哥德尔怀疑有人要毒死他，绝食很多天，去世的时候只有不到四十公斤。

89

数学、物理和计算机全才

冯·诺伊曼

计算机是 20 世纪人类最重要的发明,它把科学家们从繁重的计算中解放出来,极大地推动了航天事业和武器工业的快速发展。实际上,计算机不仅是处理器、内存、输入输出等设备简单地合成,这些硬件能处理复杂问题,是因为它把数学对象转化为电子信号进行处理,最后再还原回数学对象。在实现这个问题上,美国数学家冯·诺依曼就有着不朽的贡献。

冯·诺伊曼

冯·诺依曼 1903 年出生在匈牙利布达佩斯的一个银行家家庭,父亲对冯·诺依曼的教育非常重视。在父亲的教导下,冯·诺依曼展现了出众的才华,为了学习古希腊数学著作,他六岁的时候就熟练掌握了希腊语,八岁的时候学会了微积分,到了十二岁就能阅读高深的高等数学论文,还能完全理解。冯·诺依曼是个语言天才,他一生掌握了七种语言,经常用德语思考,用英语写作,这也为他阅读各个国家的科学著作打下了深厚的基础。在冯·诺依曼二十二岁的时候,他获得了布达佩斯大学数学博士学位,在欧洲时期,冯·诺伊曼还曾经担任过数学家希尔伯特的助手,成为数学无冕之王的左膀右臂。

1930 年,冯·诺依曼应普林斯顿大学的邀请,前往美国就职,在 1933 年普林斯顿高等研究院成立的时候,他又成为六位筹建者之一,当时他年仅三十岁。

冯·诺依曼一生中的成就众多,随便一个都能让他名垂青史。在欧洲的时候,在哥德尔证明不完备定理之前,冯·诺依曼撰写了《集合论的公理化》作为博士论文,为集合论在逻辑上扫除了障碍,因为集合是所有数学的基础,他的工作也被认为奠定了整个现代数学的基础,同时也为后来计算机的发明提供了数学条件。

20 世纪的物理学有两大贡献,一个是广为熟知的广义相对论,另一个就是量子力学,但两者的完善都需要很高深的数学。冯·诺依曼为量子理论需要的数学打下了基础,在操作数环理论、操作数谱理论、各态遍历定理、埃尔米特操作数上有着很大的贡献,而这些成果只是他庞大成果中的冰山一角。冯·诺依曼的数学工具让理论物理学家如虎添翼,获得了很多珍贵的成果,他也因此进入了物理学家的行列。

冯·诺依曼绝不仅仅具有物理学家的才能。在自己的本职数学专业上,他横跨了纯粹数学家和应用数学家两个派别,为发展中纯粹数学的应用化做出了贡献,其中最重要的就是偏微分方程的应用。在导弹、火箭、原子弹、氢弹、气象学的发明者名单上,都写着冯·诺依曼的名字。他把艰深晦涩的数学原理用于建构这些超级武器上,成为跨界最多,也是最重要的数学家。

冯·诺依曼是反战人士,当第一颗原子弹在日本广岛爆炸后,他和奥本海默、爱因斯坦等科学家都非常后悔造出这个可以毁灭全人类的武器。于是冯·诺依曼决定把自己的精力放在电子计算机和自动化理论的研究上。在 1946 年,世界上第一台计算机在美国宾夕法尼亚大学诞生,冯·诺依曼在实现计算机数学计算上有着关键性的贡献,也因此被称为"计算机之父"。

令人惊讶的是,这样一位数学、物理和计算机全能的科学家,最初获得的学位竟然是苏黎世高等技术学院化学系的大学学位,也就是说,冯·诺依曼没有机会研究化学,如果他愿意,完全可以再成为一个化学家。另外,在经济学上冯·诺依曼开创了博弈论,而很多经济学家沿着冯·诺依曼的工作做下去,使整个经济学焕然一新。

关于冯·诺依曼聪明的头脑流传着很多有趣的故事,其中一个故事是这样的:一天,一位数学家朋友到冯·诺依曼家做客,他出了这样一道问题:A、B 两人在间隔为 10 的两地相对而行,A 速度为 2,B 的速度是 3,A 牵了一只狗,狗向 B 跑去,遇到 B 后再跑到 A,遇到 A 再跑到 B,已知狗的速度是 5,当两人相遇的时候,狗一共跑了多远。

冯·诺依曼听到这个问题以后思考了两秒,给出了答案 10。这个朋友顿时哈哈大笑,揶揄冯·诺依曼这样的大数学家也知道这么无聊的问题,而且肯定也听过这道题的解法:两个人速度和为 5,相遇需要的时间为 2,而狗的速度是 5,相乘就得到了狗跑了 10。

听了朋友的答案,冯·诺依曼大吃一惊,他说还能这么解呢?我从来没想过。他的朋友不解:那你是怎么这么快速算出来的?

冯·诺依曼解释道:"你这个算法确实很简单,比我的简单多了,我是模拟狗在他们中间的跑动,把时间一段一段相加的。"听了冯·诺依曼的解法,这位数学家朋友大吃一惊,如果采用这种方法,他需要在纸上建立函数,计算级数,至少要花上十分钟才能解答,而冯·诺依曼在脑子里想了两秒就给出了答案!

小知识

冯·诺依曼很喜欢玩扑克牌,不过这位天才数学家在扑克牌游戏中总是输家,这让很多人都取笑他——你的心算能力这么强,怎么总输呢?冯·诺伊曼思考后发现,自己总是在心中计算游戏中的概率,却没想过出什么牌都是人控制的,在游戏中不仅有概率,更有人与人之间的博弈。受到了扑克牌游戏的启发后,冯·诺依曼开创了博弈论。

90

佩雷尔曼

天才难以被常人理解，他们拥有超强的大脑，同时也拥有不被普通人理解的个性。在他们的世界里，名利、金钱都没有意义，而数学中简略的符号，深刻的含义远远比这些身外之物有价值得多。很多人惋惜鲁莽和愚蠢战胜了伽罗华，想不通哥德尔为什么要钻牛角尖而失去了对日常生活的判断，甚至纠结于格罗滕迪克的极端反战。但正是这种性格让他们有了区别于芸芸众生的"超能力"，为人类的进步铺平了道路。在成就和性格上，下面这位与上述数学家相比，似乎有过之而无不及，他就是著名数学家格里戈里·佩雷尔曼。

佩雷尔曼

佩雷尔曼 1966 年出生在苏联的圣彼得堡。在他四岁的时候，佩雷尔曼就认为小孩子玩的游戏都是小儿科，把自己的全部精力都放在了阅读小学数学课本和与父亲下国际象棋上。佩雷尔曼六岁时，他进入母亲任职的学校学习，当其他同学还在纸上计算刚学会的加减法时，佩雷尔曼就能在大脑中心算多位数的加减乘除四则运算了。他不仅功课好，同时也愿意帮助其他同学，成绩不好的同学在他的帮助下快速进步，很快就变成了班上的前几名。

十六岁时佩雷尔曼进入中学学习。在高一的时候，佩雷尔曼就入选苏联数学奥林匹克国家队参加国际数学奥林匹克竞赛，并完美解答出全部的六道问题，获得了满分，也成为这个竞赛历史上第一个满分获得者。尽管现在国际数学奥林匹克竞赛中满分并不罕见，但这些都是经过长时间训练获得的成果，而佩雷尔曼没有经过任何训练和辅导，就取得了这样的成绩。

佩雷尔曼出色的数学水平引起了美国的注意，他们认为这个年轻的中学生前途不可限量，于是邀请佩雷尔曼到美国读书，并给予他高额的奖学金，但当时美苏关系不好,佩雷尔曼由于对自己国家的情结放弃了。但和美国相比,苏联也是数学强国,佩雷尔曼并不惋惜,他在圣彼得堡大学数学系获得学士学位,进入苏联科学院斯杰克洛夫数学研究所攻读硕士和博士学位。在苏联的教育系统中,博士的含金量很高,在欧美教育体系中的博士才相当于苏联的副博士学位。

1991年苏联解体,身为犹太人的佩雷尔曼家族也置身在移民的大潮中,这时佩雷尔曼的家庭出现了分裂——父亲和妹妹坚决要移民,但母亲一定要留在俄罗斯。这件事对佩雷尔曼影响很大,他决定陪在母亲身边,永远都不离开俄罗斯。佩雷尔曼在美国做访问学者时,帮助美国数学家解决了很多问题,这再次引起了美国大学对这位昔日数学神童的兴趣,美国几乎所有的顶尖大学和研究所都邀请佩雷尔曼前来工作,但他都一一谢绝了。

真正把佩雷尔曼推到风口浪尖的是世界性难题——庞加莱猜想得到证明。2002年,佩雷尔曼把关于庞加莱猜想的证明写到了自己的博客中,一时间引起了全世界数学家的注意,虽然他的证明过程极度简略,但数学家们毫不怀疑佩雷尔曼的人品和能力——他是个极度善良的人,绝对不会撒谎;他同时也是数学天才,他的证明一定不会错。

让佩雷尔曼始料未及的是,各路媒体蜂拥而至到他的住所采访,这让佩雷尔曼和他的母亲难以承受,只能躲在市郊的小房子里度日。

佩雷尔曼看起来很简单的问题,但对其他数学家来说需要消耗一段时间来理解。不久一些数学家利用佩雷尔曼的提示宣布解决了庞加莱猜想,这让佩雷尔曼很生气。熟悉他的数学家们都说,佩雷尔曼并不是因为自己的成果被剽窃而生气,他是为学术界争名夺利的氛围感到愤慨。在一起工作的时候,佩雷尔曼为很多不公正的事情打抱不平,同事弄虚作假他管,研究经费浪费也管,甚至被颁发各种数学奖时,他也认为自己没有资格而放弃领奖。

2006年,国际数学家大会在西班牙马德里召开,国际数学联合会决定把数学最高奖——菲尔兹奖授予佩雷尔曼。辗转联系到佩雷尔曼时,他却以各种理由百般推辞领奖,原因都很可笑,不是没有钱买机票就是没有得体的衣服,而实际上,佩雷尔曼早就因为解决庞加莱猜想而被美国克雷数学研究所授予一百万美元的大奖,但他也拒绝领取。

91

华人数学之光

陶哲轩

在当今数学界顶尖的数学家中,有一位华裔数学家非常引人注目。和其他古怪的数学家不同,他性格开朗,喜欢和各种人交流;他年少成名,在读书的时候就取得过非凡的成绩;他在数学上广泛涉猎,数论、分析学都是他的掌中之物。这个人就是任教于美国加州大学洛杉矶分校的陶哲轩。

陶哲轩的父母都毕业于香港大学,父亲是一位牙科医生,全家于1972年移民澳大利亚,陶哲轩1975年出生在澳大利亚的阿德莱德,属于第二代华人。陶哲轩在幼年的时候就显示了出众的数学天分,六岁自学微积分,七岁进入高中读书,九岁进入大学,十岁的时候就入选澳大利亚数学奥林匹克国家队,参加国际数学奥林匹克竞赛。

在他连续三年的参赛中,陶哲轩分别获得了铜牌、银牌和金牌,创下了参加此类比赛最年轻的选手和最年轻的得奖者两个纪录,而他十二岁获得金牌的纪录迄今为止没有人能打破。

陶哲轩

陶哲轩的两个弟弟陶哲渊和陶哲仁同样具有很高的智商,其中陶哲渊是澳大利亚国际象棋的冠军,同时也精通音乐。两个人同时参加了1995年的国际数学奥林匹克竞赛,都获得了铜牌,更有趣的是,两个人在六道题上采用了相同的解法,获得了相同的分数。

陶哲轩的出色让他的父母感到很担忧。历史上有很多年少时颇有天赋的人,很早成名,但没有得到良好的教育,以致后来很少能得到好的发展。

如果陶哲轩是个神童,那么他就应该接受神童应该有的教育,如果不是,就作为普通孩子看待。应一位数学家邀请,陶哲轩的父亲带着他到美国接受测试。这位数学家对测试的结果很惊讶,陶哲轩确实是一位难得的天才,这个结论终于让陶哲轩父母放心下来。但后来这位数学家有些害怕地回忆,幸好我当时做出了肯定的回答,没有埋没一个天才,否则我今天都会觉得自己是一个傻瓜。

陶哲轩的性格开朗,他非常喜欢和其他人一起工作,哪怕研究的方向完全不相干。他曾经说过:"我喜欢与合作者一起工作,我从他们身上学到很多。实际上,我能够从谐波分析领域出发,涉足其他的数学领域,都是因为在那个领域找到了一位非常优秀的合作者。我将数学看作一个统一的整体,当我将在某个领域形成的想法应用到另一个领域时,我总是很开心。"

对很多一流的数学家来说,陶哲轩也是一位非常好的合作者,他能很好地倾听其他数学家的意见,并且给出自己独到的见解。甚至在路上偶遇一位物理学家,这位物理学家和陶哲轩一样去幼儿园接孩子放学,都能和他一起讨论一会儿,而物理学家回去就可以根据陶哲轩的启发撰写论文。

陶哲轩在数学界里有非常好的人缘和号召力,谁有困难都喜欢找他商量,而他有了问题就会有很多数学家帮助他解决。

陶哲轩的成果也遍布数学中各个分支学科,短短几年内就撰写了一百多篇高水平论文,遍及调和分析、偏微分方程、组合数学、分析数论等领域。

陶哲轩读完博士后,留校任教,在二十四岁的时候就成为美国加州大学洛杉矶分校的正教授。在 2006 年的国际数学家大会上,陶哲轩以调和分析中出色的贡献获得了菲尔兹奖,年仅三十一岁,成为继丘成桐之后第二个获得菲尔兹奖的华人数学家。除此以外,陶哲轩还获得大大小小的各种数学奖不计其数。对于成功,陶哲轩有自己的看法:"我没有超能力,和其他数学家相比,我的思维可能不太一样。很多人都希望直接得到问题解决的方法,但我考虑的是研究解决问题的策略,如果把这个策略研究明白,问题的解决就是水到渠成了。"

小知识

陶哲轩和很多孤僻的数学天才不同,他性格温和,易于接触和交流。他的父亲对自己的儿子毫不吝惜赞美之词:假如你的孩子是天才,你大概会希望他像哲轩一样,是一个容易亲近的天才,他从来没和别人争执过,想的都是怎么开心地和别人合作,而不是相互指责,争权夺利。加州大学洛杉矶分校数学系前主任约翰·加内特也说,陶哲轩与合作者可以组成世界上最强大的数学系。

92

ABC 猜想

望月新一

近期,一种叫作比特币的虚拟货币成为网络上受人关注的话题。除了很多发烧友安装高配置显卡用来挖矿——比特币挖掘以外,很多人关注,比特币的发明者"中本聪"到底是谁。2013 年,一位美国数学家宣称自己发现了谁是中本聪,他就是著名数学家望月新一。为此,在这个数学界以外很少被了解的数学家望月新一一时间成为众多媒体采访的对象。虽然后来媒体辗转查到了中本聪另有其人,但望月新一发表的一篇论文又让他成为媒体的焦点。

望月新一 1969 年 3 月 29 日出生于日本东京,著名数学家,执教于日本京都大学。在 2012 年,望月新一在京都大学数学系主页上发布了四篇关于 ABC 猜想证明的论文,他向世界宣告自己已经解决了 ABC 猜想。一时间,很多媒体在陶哲轩之后又把镜头聚焦到数学界。

望月新一

ABC 猜想是数学家乔瑟夫·奥斯达利及戴维·马瑟在 1985 年提出一个猜想,和哥德巴赫猜想一样,这个猜想是关于质数关系的问题:对于任何 $\varepsilon > 0$,存在常数 C,当 $\varepsilon > 0$,并对于任何三个满足 $a+b=c$ 及 a,b 互质的正整数 a,b,c,有:$c < C\varepsilon \mathrm{rad}(abc)1+\varepsilon$。其中,$\mathrm{rad}(n)$ 表示 n 的质因子的积,比如 $\mathrm{rad}(12) = \mathrm{rad}(2 \times 2 \times 3) = 2 \times 3 = 6$。

在 1996 年,爱伦·贝克提出一个较为精确的猜想,用 $\mathrm{rad}(n)$ 取代,表示成 $\varepsilon^{-w} \mathrm{rad}(n)$ 其中 ω 是 a,b,c 的不同质因子的数目。

ABC 猜想看起来只有一个公式,但实际上它是一个包括了费马大定理等众多数论未解之谜终极问题,也就是说,如果解决了 ABC 猜想,不管是希尔伯特的二十三个问题,还是克雷数学研究所的百万美元大奖问题,都能迎刃而解。

望月新一宣称解决了这个问题,数学界既感到惊讶,又感到理所应当。惊讶的是这个问题太难了,有数学家认为现有的理论已经无法对其进行研究,如果要解决就一定要找到新的工具。理所应当是出于他们对望月新一的了解,这个数学家是以善于解决难题著称的,在美国工作期间,同事不会的问题都会向他请教,而他也总能不负众望地提出关键的见解。

望月新一已经很久没有研究成果了,据说他为了解决 ABC 猜想,已经独立思考了二十年,就是为了创造一种新的理论来啃这块硬骨头。

按照道理,类似于安德鲁·怀尔斯解决费马大定理之后的蜂拥而至,很多数学家应该早就把望月新一的文章放在案头床前开始审阅了。但说起验证他证明的正确,整个数学界里静悄悄的,谁也不愿意去审稿。原来,望月新一的证明并不是普通的证明,他不仅没有用到前人任何关于这个猜想的结果,反而是自己发明了一套理论,用了很大篇幅才完成。

要弄清楚证明的正确性,首先要先学习望月新一在此之前的一本著作。这本关于远阿贝尔几何的巨著竟然有七百五十页。本来世界上在远阿贝尔几何上研究的数学家就少,能看懂这本书就更少了,根据统计全世界甚至都不到五十人能看懂。即使这五十个人都看懂了这篇论文,那么等待他们的将是网上那篇证明的论文,足足有五百一十二页!一般情况下,发表在高水平期刊上的论文大多直接引用前人的成果,简略去写只能压缩到二十多页,最多如怀尔斯关于费马大定理的证明也只有一百多页,但即便是这二十多页也要经历少则几个月,多则几年的检查和验证,而检查这篇五百多页的论文有可能是数学家一生的工作量!

为了能快速推动这篇文章的审查,澳大利亚数学家陶哲轩、韩国数学家金明迥等相关领域数学家一起进行了论文的审阅,出人意料的是,他们也放弃了。用陶哲轩的话说,这篇文章的高深让他难以看懂。翻开证明发现,整篇文章,望月新一都在建构一个新的数学门类!里面充满了他自己独创的理论——宇宙际 Teichmüler 理论,而类似"外星操作数"这样数学家们从来没有听说的词语在文章里随处可见。就连望月新一都称自己为宇宙际几何学者。

目前,望月新一的论文还没有找到足够数量和足够能力的数学家审阅,也许在我们的有生之年,望月新一的论文都无法得到验证,但数学家们都乐观地估计,尽管论文中的小错误不可避免,但大家对望月新一很有信心,他的论文很有可能是正确的,一旦被证明正确,那么一个新的数学门类就诞生了。

93

闵可夫斯基

现代物理学两大支柱——量子力学和广义相对论，都要用到非常高深的数学进行研究和表达，但当时的数学并不能达到物理学家的要求，就好像矿工发现了一座巨大的金矿，却没有工具一样。幸好一位数学家横空出世，解决了量子力学和广义相对论的数学基础，使现代物理学飞速发展，这个数学家就是德国人赫尔曼·闵可夫斯基。

闵可夫斯基出生在俄国，父亲是一位有钱的富商。由于俄国政府的迫害，他们被迫搬到数学之城——哥尼斯堡。在这里，闵可夫斯基认识了希尔伯特——这个未来的数学无冕之王，两人结成了一生的朋友。闵可夫斯基的父亲非常重视孩子们的教育，大哥马克思·闵可夫斯基在俄国的时候受到迫害不能去学校读书，最后成为一位出色的商人，二哥奥斯卡·闵可夫斯基成为一位著名的医学家和生物学家，也是胰岛素的发现者。

闵可夫斯基

在大学的时候，闵可夫斯基打下了坚实的数学基础。1881 年，法国科学院向全世界征集数学难题的解答：证明任何一个正整数都可以表示成五个平方数之和。当年闵可夫斯基年仅十七岁，但他还是很快地解决了这个问题，甚至做出的结果要远超过问题本身。由于哥尼斯堡距离法国很远，同时比赛规则要求用法语写作，闵可夫斯基得到这个消息时已经来不及了，但他还是把自己的文章投稿过去。

第二年，十八岁的闵可夫斯基和英国数学家亨利·史密斯同时得奖。

闵可夫斯基让数学家们津津乐道的不仅是他年少成名，还有他对另外一位后来成名的物理学家的指导。闵可夫斯基有一段时间在苏黎世大学担任数学教授，他发现有一个学生经常旷课，闵可夫斯基很生气，他狠狠地批评了这个学生，甚至说他是个懒蛋。过了几年，这个"懒蛋"学生，发表了他一生中最重要的贡献之一——狭义相对论，震惊了整个世界，而这个学生就是爱因斯坦。

相传，闵可夫斯基听闻爱因斯坦获得极高的成就之后，高兴地说："真没想到这个小子还挺聪明的。"

在狭义相对论之后，爱因斯坦发现，狭义相对论无法完美地解释引力场现象，想要研究出更好的理论可是自己的数学能力严重不足。这时，他想到了自己的数学老师闵可夫斯基，在闵可夫斯基的引导下，爱因斯坦潜心学习了七年黎曼几何，终于在1915年完成了广义相对论。

在闵可夫斯基短暂的研究生涯中，数论、代数和数学物理上都发生了翻天覆地的变化。在对二次型的研究中，闵可夫斯基深入高斯、狄利克雷等数学家的工作，建立了一套包含他们研究成果的二次型理论，并建立了完整的体系。和其他数学家从代数结构入手研究不同，闵可夫斯基用几何方法——把抽象的代数式转化成一个凸多面体——进行研究，建立了一套完整的"数的几何"理论，而在各种教材中出现的闵可夫斯基不等式，就是其中的副产品。

闵可夫斯基对物理学非常感兴趣，但在最开始，他并没有研究相对论和量子力学的数学工具，而是帮助物理学家赫兹研究电磁波。1907年，他创造性地把黎曼几何用在了物理中，产生了意想不到的效果，而这正是证明广义相对论的关键之处。而他创造出的三维空间加上一维时间的四维空间，也被命名为闵可夫斯基空间，成为描述相对论的标准语言。

闵可夫斯基没有看到他的学生爱因斯坦利用他的数学工具完成广义相对论。1909年，闵可夫斯基突然患上了急性阑尾炎——现在这种病对医生来说不足为奇，是每一个临床医学学生都会做的手术，但在当时还没有发明青霉素等强力消炎药，闵可夫斯基因此去世，年仅四十五岁。

我们常说名师出高徒，显然这句话有失偏颇，名师不能保证每个学生都能成才。迄今为止，人类的知识已经不是文艺复兴时期的数学家靠自学就能完成的了，一定要有老师的指点，甚至为学生的前进铺路。爱因斯坦师从闵可夫斯基，施瓦茨师从魏尔斯特劳斯，范德瓦尔登师从诺特，都显示了老师对学生的重要性。因此即使把提出广义相对论的功劳分一半给闵可夫斯基，相信爱因斯坦也会十分赞成。

94

迟到的学生

丹齐格

1947 年的一天，在加州大学伯克利分校的校园里，一个博士生向数学系所在的教室狂奔，他心里非常担忧：昨天晚上睡得太晚了，今天这堂课肯定要迟到了。这堂课是数学家杰西·奈曼的统计学课程，奈曼教授对学生要求非常严格，自己肯定会被他抓住狠狠地骂一顿。好不容易到了教室，却发现奈曼教授早已经下课了，教室里三三两两的同学们也正收拾东西准备离开。这位博士生很沮丧，抬头却发现黑板上有两道试题。"这一定是作业，我得好好完成，让教授以为我已经来上课了。"博士生心里想着，于是他拿出笔把这两道题原封不动地给抄下来。

在未来的几天内，博士生越来越后悔上课迟到，因为他没有听到奈曼教授的新课，所以这些题目对他来说实在太难了。不过他还是咬牙克服了种种困难，用了一个星期发明了新的方法解出了这两道题，并送到奈曼教授的办公室里。

"什么？这是上个星期的作业。"奈曼教授扶了扶眼镜，"我上个星期没留作业。"

博士生感到奇怪，那这两道题是什么？突然奈曼教授两眼放光，他摆了摆手。

"你先回去，这两道题我检查一下。"

博士生只能退出办公室，他以为奈曼教授已经发现了他缺课，心中很忐忑，只能等着教授最终的处罚。

过了几天，奈曼教授召唤博士生到他的办公室来，高兴地告诉他说，这两道题根本不是什么作业，是当今数学界没有解决的难题，自己为了让同学们见识一下才写到黑板上的，没想到你竟然把这个当作业做了。我已经检查了你的解题过程正确无误，并且也帮你写好了论文，就差为你发表了。同时恭喜你，因为这篇论文直接获得博士学位。

奈曼教授所出的难题就是工业生产中常用的线性规划，而这位博士生就是后来成为美国著名的运筹学、统计学专家丹齐格，他所采用的方法就是线性规划中最初的处理方法——单纯性法。根据数学家评比，在所有的计算数学算法中，这个方法可以进入前十名，也是迄今为止，线性规划中最优的算法。

一时间各种名誉向丹齐格涌来,他不仅成为美国国家科学院院士、美国国家工程院院士,还获得了国家科学奖和冯·诺依曼理论奖。为了表彰他的功绩,美国数学规划协会还设立了丹齐格奖,用于奖励在数学规划上有突出贡献的数学家。和创造新理论的数学家不同,丹齐格擅长解决高深问题。面对大家的赞扬,丹齐格说他的解题能力都是训练出来的。

丹齐格的父亲是一位苏联数学家,曾经在法国师从于著名数学家庞加莱,在丹齐格年幼的时候,他的父亲就开始教授他数学,但事与愿违的是,直到丹齐格上中学,他的数学成绩还不及格。见到他的人都讽刺他说:"你的父亲是位数学家,听说还跟庞加莱学习过,但是你的数学怎么这么差?"丹齐格听了以后,觉得很羞愧,他不仅自己被别人看不起,还让自己的父亲为他蒙羞,实在愧对双亲。于是他开始变得努力学习数学。

很快,丹齐格发现数学其实并不难,他的自信心膨胀,以做数学题为乐趣。甚至在高中的时候,他就向父亲索取几千道题经常反复演练。成名后的他回忆道:"在我还是个中学生时,他就让我做几千道几何题……解决这些问题的大脑训练是父亲给我的最好礼物。这些几何题,在发展我分析能力的过程中,发挥了最最重要的作用。"

现在,线性规划和丹齐格发明的单纯性法几乎深入到每一个工程学科。而由这个方法衍生出来的对偶单纯性法、惩罚函数法也成为每一个数学系学生必须学会的内容。解决了线性规划后,数学家们开始攻关非线性规划的问题,而丹齐格的思想也取得了丰硕的成果。

在社会上,经常充斥着很多诟病"数学太多,太艰难"的抱怨,甚至很多所谓的对数学很了解的人会说"数学题很难,没有必要做这么多","理解思想就可以,数学要有原创"等等这样的话。但实际上,解题对于理解抽象的数学是很有帮助,丹齐格就是这样的例子。无独有偶,当今中国微分几何界的权威,青年数学家田刚院士,在大学本科四年间,就额外做了三万道数学题,而他的专业竟然是物理。因此,如果没有这么多的累积,丹齐格和田刚是无法取得这么高成就的。

> **小知识**
>
> 苏联的数学家深谙数学练习之道,其中最有名的是里斯·帕夫洛维奇·吉米多维奇编写的《数学分析习题集》,这个习题集一共有近五千道题,涵盖了数学分析的全部内容,在五十年代就被引入中国,至今仍然是数学分析中最好的习题集。

第十一章

数学学派、数学
大奖与数学竞赛

世界数学的摇篮
哥廷根数学学派

在数学研究中,信息和成果的交流和共享是非常重要,很难想象如果数学家各忙各的,数学能否发展成现在这样庞大而细分的学科,从某种意义上说,数学研究是一项集齐全人类所有智慧而推进的一项科学活动。既然数学的研究需要团队,那么数学学派就应运而生了。

数学学派的分类方式有三种,一种是按照数学研究的方法进行划分,比如逻辑主义学派、直觉主义学派、形式主义学派和结构主义学派;一种是按照创始人进行划分的,比如柏拉图学派、毕达哥拉斯学派等;另一种则是按照研究的地域进行划分,不同数学家之间相互影响和促进,在某些地区形成了很强的数学科研实力。在 19 世纪到 20 世纪初期,在德国的哥廷根数学学派就是其中杰出的代表。

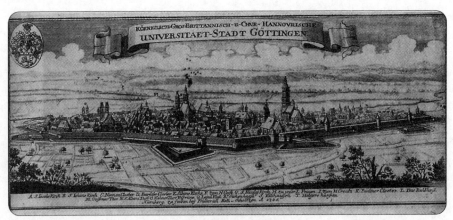

1735 年的哥廷根

要说哥廷根数学学派，就一定要从哥廷根大学说起。哥廷根大学全名乔治-奥古斯都-哥廷根大学，位于德国西北部下萨克森州的哥廷根市，哥廷根市和剑桥大学一样，整个城市就是一所大学。这所大学成立于 1734 年，当时英国国王同时也是德国汉诺威大公乔治二世决定在哥廷根成立一所弘扬学术自由的大学，在哥廷根大学开办初期，设有神学、法学、哲学和医学四大学科。其中以哲学下属的自然科学和法学最为出名。在创立初期，哥廷根大学成为德国乃至整个欧洲的学术中心，甚至法国皇帝拿破仑都在这里学习法律。

在这样一所学术氛围浓厚的大学里，数学家们前仆后继把数学的发展推向一个个高峰。整个 18 世纪，哥廷根大学就是欧洲的科学研究中心之一。"数学王子"高斯在此任教的时候，创立了哥廷根数学学派，一时间吸引了黎曼、狄利克雷和雅可比等人前往哥廷根大学学习和研究。这一时期，哥廷根大学几乎见证了每一个崭新的数学概念的诞生，尽管当时在欧洲还有圣彼得堡的俄国科学院和法国的国家科学院，但哥廷根大学也已然成为世界所有数学家心目中的圣地。

19 世纪末期到 20 世纪初期，哥廷根大学更是拥有了希尔伯特、闵可夫斯基、冯·诺依曼、哥德尔、诺特、阿廷、外尔、波利亚等著名数学家，横跨当时数学的全部门类，使这一时期的哥廷根大学学派的数学研究到达了顶峰。在数学的推动下，哥廷根大学的物理和化学也实力超群，拥有奥本海默、波尔、费米、海森堡、卡门、狄拉克、温道斯、德拜等物理和化学权威。

1933 年希特勒上台，整个德国开始推行沙文主义，非雅利安人种，尤其是犹太人受到了严重的迫害甚至屠杀。而在哥廷根大学大多数数学家都是犹太人，他们只能远离哥廷根大学寻找可以得到庇护的国家，他们之中的大多数都前往美国，使美国一跃成为世界数学中心和科技强国，一直到现在还在遥遥领先。绵延两百年的哥廷根数学学派在这场科学家大移民的运动中迅速衰落，也间接导致了与美国进行科技竞赛的德国战败，而现在的哥廷根大学在国际上已经没什么名气，排名在一百名以外了。

科学的繁荣可以促使国家飞速发展，科学的缺失也会使国家迅速衰落，当我们回忆近两百年的中国，屈辱不堪的近代史让每个炎黄子孙都感到颜面无光，也许这一方面是关乎政治问题，但更重要的是，在这段时间里，

哥廷根大学首任校长
冯·明希豪森

中国在数学和其他科技上没有任何成就。当莱布尼茨演算微积分的时候、当黎曼

计算弹道轨迹的时候、当爱因斯坦已经探究出时空的奥秘的时候，当莱特兄弟的飞机已经离开地面的时候，我们还沉浸在天朝昔日的荣耀中，和欧洲的科学家相比好像是两个世界的人。哥廷根数学学派和哥廷根大学的衰落给我们同样的启示：如果没有科学，国将不国。

小知识

哥廷根目前的人口约为十三万，至今仍然分布着各种科学家和名人的故居。海森堡、闵可夫斯基等科学家的故居仍然伫立在那里，而朱德元帅和国学大师季美林住过的房子也得到很好的保护，不过国外并不会把这些故居奉为圣地，开辟成旅游景点给人参观，而是用很平常的心态看待。

96

斯大林的秘密武器
苏联数学学派

现在国际上公认的数学强国有三个，一个是独步天下的美国，一个是有着雄厚数学基础的法国，另外一个就是俄罗斯了。俄罗斯数学脱胎于苏联的数学学派，在数学上有着不同于美国和法国的特殊贡献。

19 世纪中后期，起源于俄国的苏联数学学派诞生。虽然和西欧相比，俄国的资本主义和工业革命起步较晚，还没有形成良好的科学环境，但俄国统治者看到欧洲在科技的促进下发展迅速，都开始重视科学。1724 年，当时的沙皇彼得一世宣布成立俄国自己的科学院进行科学研究，选址在圣彼得堡，也就是后来蜚声海内外的圣彼得堡科学院。

圣彼得堡科学院在成立之初得到了莱布尼茨等很多科学家的帮助，很多在西欧不得志的数学家也应邀来到俄国从事研究。一时间，圣彼得堡科学院成为和法国巴黎科学院、哥廷根大学同等层次的高水平研究机构。虽然有伯努利等数学家在这里工作，但和物理、化学等科目相比，圣彼得堡的数学并不出众，直到 19 世纪下半叶，切比雪夫的出现后才有所改观。

1841 年切比雪夫毕业于莫斯科大学，1847 年到圣彼得堡大学工作，直到 1882 年退休。切比雪夫一生的成就众多，他证明了贝尔兰特公式、大数定律和中心极限定理，涉及积分学、数论、概率等学科分支。但即使切比雪夫再出众，也不能以一己之力形成学派。在他教学的过程中，两个优秀的学生在他的教导下脱颖而出，逐渐成为国际上著名的数学家：一个是李雅普诺夫，是国际上微分方程的专家；另外一个是马尔科夫，是世界概率统计的权威学者。

进入 20 世纪后，由于十月革命的成功，俄国进入一个全新的时代——苏联。这时的欧洲正在饱受第一次世界大战的摧残，很多数学家离乡背井逃到其他国家，根本没有时间从事科研活动。反观苏联，数学家在这黄金时期发挥着他们最大的能量，而圣彼得堡学派也渐渐转移到莫斯科大学。在函数论方面，叶戈洛夫和他的学生鲁金成为国际上知名的数学家，在 20 世纪 20 年代，莫斯科的数学家们开始取代法国,成为世界数学的中心。至此,苏联数学学派渐入佳境。

苏联在数学教育和人才培养上和西欧完全不同。西欧的数学更重视从学生的兴趣出发,让学习数学成为学生的意愿而不是强迫,进行数学研究的时候也尽量从实际情况出发,做自己最有兴趣的,如果遇到不会的再去学习;苏联的数学教育强调数学基础,要求学生在进入高深的数学之前一定要在分析、代数、几何、概率等分支学科上打下良好的基础,再进入研究课题,而这种方式从网络上流传的莫斯科大学数学系的考试中就可见一斑。

彼得大帝肖像

"据说莫斯科大学数学系有一种考试形式很变态。考试的时候,考官在学生面前放一个大箱子,箱子里有很多写满问题的纸条,学生需要像抽奖一样自己抽出一个问题,稍做准备就开始解答,准备时间短到根本没有时间去思考清楚。"正是这样严格的教学方式和所谓"简单粗暴"的考试方式让苏联的数学家们在学生时期就打下了良好的基础,逐步成为苏联数学学派的中流砥柱。

为了发挥这些数学家的聪明才智,苏联和美国一样非常珍视这些数学天才。1941年,纳粹德国进攻苏联,由于德国采用的是闪电战,苏军没有任何准备就丧失了所有的空军力量。为了重新占领制空权,斯大林打算用民航客机改造成轰炸机。这看似没有办法的办法实际上根本不合理:由于轰炸机的速度比民航客机快得多,经过严格训练的飞行员在民航客机的速度下根本不能做到精准投弹。这时,著名数学家、概率论公理化的第一人安德雷·柯尔莫哥洛夫带领团队,根据民航客机的速度重新修订了轰炸系统,成功地把客机改为轰炸机。

斯大林见识到了数学家的力量,他决定培养更多的数学家为国家效力,这也成了他的秘密武器。在苏联四十多个城市中,政府供养了很多数学家,这些数学家不用担心生活和子女的问题,一切都由国家安排。斯大林逝世后,从赫鲁晓夫、勃列日涅夫一直到戈尔巴乔夫,这些斯大林的继任者仍然非常重视数学,还保留着斯大林对数学家的优惠政策,直到苏联解体前,苏联各个层次的数学研究人员达到一百万人之多。尽管苏联解体后,很多数学家生活难以为继到了美国,但苏联数学学派仍然有很强的数学实力。

97

新兴的数学中心

普林斯顿数学学派

在希特勒大肆抓捕和屠杀犹太人的时候,德国哥廷根大学的数学家和物理学家们大多逃到了美国。他们接受了美国的庇护,既不用担心衣食住行,也不用担心自己的事业停滞,更不用担心生命安全,他们把全部智慧都奉献给这个新兴的国家,成功地把哥廷根的智库整个搬到了美国,成就了现在的普林斯顿数学学派。

说起普林斯顿数学学派就要从普林斯顿大学说起,普林斯顿大学是美国一所研究型大学,八所常春藤联盟学校之一。

1746 年,普林斯顿大学的前身新泽西学院在新泽西州的伊莉莎白镇成立,1756 年搬到普林斯顿,1896 年改为现名。从创校初期后的很长一段时间里,普林斯顿大学数学系并不出色,甚至可以用一片荒漠来形容,直到毕业于本校的数学家范因从德国拿到博士学位回到新泽西学院任职,普林斯顿的数学才开始腾飞。

另外一个对普林斯顿数学有杰出贡献的数学家是韦布伦,韦布伦在 1905 年到普林斯顿大学数学系任教,是当时美国最著名的几何学家。由于范因和韦布伦都是美国最知名的数学家,所以在美国本土,普林斯顿大学数学系的名声开始传开,普林斯顿数学学派也正式宣告成立。

20 世纪 30 年代,百货公司老板路易斯·邦伯格兄妹在新泽西州普林斯顿经商的时候,当地的居民非常照顾他们的生意。作为回报,兄妹俩打算捐款建立一家医院。

但著名教育家亚伯拉罕·弗莱克斯纳对他们说,建一家医院治病救人是对普林斯顿居民的回报,而建一个研究所是对整个美国和全世界的回报。考虑再三,兄妹俩改变了主意,听从建议在普林斯顿大学附近成立了普林斯顿高等研究院。

普林斯顿高等研究院虽然和普林斯顿大学相邻,但两者并没有什么隶属关系。和大学里教授需要教学和发表论文不同,普林斯顿高等研究院对研究员没有任何学术上的要求,既不需要把大量时间放在教学上,也不用为了在短期出成果而不断发表学术论文,而这种制度也让研究员们摆脱束缚,把精力放在更有意义的研究上，维持研究内容在行业内保持尖端的位置。

布莱尔拱门——普林斯顿大学的象征性建筑之一

虽然研究院和大学没有隶属关系，但两者的教授和研究员互有兼职，比如冯·诺依曼来自数学系，但同时也在研究院工作，而研究院的研究员也经常在大学里开办讲座，指导学生。哥廷根的数学家们带着家眷登上美洲大陆以后，他们纷纷应邀进入普林斯顿大学和普林斯顿高等研究院工作，这时的普林斯顿瞬间成了世界数学的中心，形成了普林斯顿数学学派。

普林斯顿数学学派形成之初就有着很强的实力。

我们熟知的 20 世纪中后期的数学家基本上都在普林斯顿高等研究院工作过。冯·诺依曼、外尔、穆尔斯、哥德尔、陈省身、华罗庚，一直到现在的佩雷尔曼，都与普林斯顿数学学派有各式各样的联系。而近年来获得菲尔兹奖和沃尔夫数学奖的数学家中很多都来自普林斯顿高等研究院。

实际上，不仅数学上有普林斯顿学派，在物理和其他学科上普林斯顿有着更强大的实力，研究院中获得诺贝尔奖的科学家竟然达到了二十七位之多，甚至高等研究院中的历史研究院、社会科学院也成为其他社会科学家心目中的殿堂。

普林斯顿高等研究院科研实力很强，同时，这里有优美的环境、优秀的管理制度、无后顾之忧的各种福利，甚至雇用了精通各种美食的大厨为来自世界各地的科学家服务，全世界最优秀的科学家都渴望到这里与其他科学家交流和工作。

强者恒强，普林斯顿高等研究院会一直保持它的研究活力和独步天下的实力，为人类的进步贡献力量。

98

国际数学三大奖

菲尔兹奖、沃尔夫数学奖、阿贝尔奖

在国际最高科学奖——诺贝尔奖中,有物理、化学、生物或医学、文学、和平事业和经济学六个奖项,却没有数学奖。

关于诺贝尔奖中没有数学奖的情况,坊间有一个流传已久的传说:相传化学家诺贝尔和数学家莱夫勒曾经同时爱上了来自维也纳的女人苏菲,而苏菲最终放弃了诺贝尔选择了莱夫勒。诺贝尔气愤至极,为此他一生都没有结婚。由于诺贝尔担心自己的奖金会被这个昔日的情敌获得,他为每种科学设置了奖项,唯独把数学奖排斥在外。现在看来,诺贝尔并不了解当时世界数学的发展,他的担心实在多余,虽然在当时莱夫勒任瑞典科学院院长,也是知名的数学家,但如果设置了诺贝尔数学奖,莱夫勒的贡献也不足以使他得奖,毕竟他的前面还有好几十位更有贡献的数学家呢!

数学的重要程度和这六个领域相比更是有过之而无不及。为此,国际上先后设置了三个大奖:菲尔兹奖、沃尔夫数学奖和阿贝尔奖,以表彰对数学有突出贡献的数学家。

菲尔兹奖是加拿大数学家菲尔兹设立的。作为一个数学家,菲尔兹并没有做出什么贡献,但作为一个数学推广家,他名副其实。1924 年,国际数学家大会在加拿大的多伦多召开,作为加拿大最著名的数学家,菲尔兹筹备并主持了这个工作。会议结束后,菲尔兹发现大会的预算还有盈余,于是他打算把这多出来的钱设立一个国际数学奖。

为了寻求支持,菲尔兹往返于欧美的数学强国寻求全世界数学家的支持,但由于交流不顺畅且时间紧迫,直到菲尔兹去世,这个奖项也没有设立,而他也立下了把自己遗产作为奖金的遗嘱。在 1932 年瑞士苏黎世召开的第九次国际数学家大会上,大会通过了设立国际数学奖的建议,虽然菲尔兹生前要求这个奖不应该由国家、机构和个人来命名,以维持它的国际性,但大会还是决定把这个奖命名为菲尔兹奖,以纪念菲尔兹为国际数学交流做出的贡献。从此,在每四年一届的国际数学

菲尔兹最为人所知的成就是他设立的菲尔兹奖

家大会上,经过国际数学联盟评定,菲尔兹奖会授予二到四位有突出贡献的数学家,同时为了鼓励年轻人为数学做出贡献,菲尔兹奖只授予四十岁以下的青年数学家。

尽管菲尔兹奖的奖金很少,只有区区的一千五百美元,但它的含金量和展现的精神要远高过诺贝尔奖,它的意义在菲尔兹的金质奖章上就有所表现,奖章正面刻着古希腊数学家阿基米德的头像,而背面的拉丁文正是全世界数学家的宏愿:超越人类极限,做宇宙的主人。

沃尔夫数学奖是沃尔夫奖的一个奖项,也是和菲尔兹奖齐名的数学奖。沃尔夫是德国化学家,因为成功发明了炉渣回收铁的方法而成为富豪,他的巨额遗产被设立了沃尔夫基金会,用以表彰在科学上有突出贡献的科学家。为了表彰在数学上有突出贡献,并且终身奉献数学研究的数学家,沃尔夫基金委员会特设了沃尔夫数学奖。沃尔夫数学奖奖金为十万美元,由得奖者平分。除了沃尔夫数学奖以外,还有物理、化学、医学、农业五个奖,中国杂交水稻专家袁隆平院士就曾经因超级稻的研究而获得过沃尔夫农业奖。

2001年,为了纪念挪威数学家阿贝尔诞辰两百周年,挪威政府设立了阿贝尔奖。为了扩大数学研究和阿贝尔奖的影响力,阿贝尔奖的标准和诺贝尔奖几乎相同,奖金也和诺贝尔奖不相上下。评奖专家均由挪威科学院指定,中国著名数学家田刚也是评审委员之一。

小知识

在2014年韩国召开的国际数学家大会上,菲尔兹奖从1936年诞生以来首次颁发给女数学家。得奖者玛利亚姆·米尔扎哈尼年仅三十七岁,是在斯坦福大学工作的伊朗籍数学家,曾经获得过1995年国际数学奥林匹克金牌。

99

群星璀璨

数学各分支重要奖项

数学有几百个分支,同时数学和其他科学结合越来越紧密,产生了诸多应用。对于这个过于庞大且分散的学科,很难比较数学家之间的贡献,为了鼓励数学家扎根于数学中的每个分支,除了菲尔兹奖、沃尔夫数学奖和阿贝尔奖以外,还设有很多数学分支奖项。

在国际数学家大会上,除了万众瞩目的菲尔兹奖外,也会颁发罗尔夫·内万林纳奖。1982 年,国际数学家联合会接受了芬兰赫尔辛基大学的捐赠,以纪念赫尔辛基大学校长、国际数学家联合会主席罗尔夫·内万林纳。由于数学中的信息与计算科学对计算机领域有着重要的作用,所以计算机领域的发展也是数学的发展。罗尔夫·内万林纳奖就是为表彰那些在信息与计算科学有突出贡献的数学家而设立的,它的含金量与计算机领域的"诺贝尔奖"——图灵奖几乎相同。

高斯奖是国际数学家大会上的第三个奖项,设立于 1998 年,由国际数学家联合会和德国数学家联合会共同颁发。由于高斯不仅是一位杰出的数学家,更是一位出色的天文学家和物理学家,他把很多数学成果都应用在其他学科中,取得了重大成就。因此,高斯奖用于奖励在应用数学方面取得杰出成就的数学家。比如日本数学家伊藤清就因为他在"随机过程解释布朗运动等伴随偶然性的自然现象"的工作中奠定了基础,并且在金融领域中得到广泛应用,而获得第一届高斯奖。

为了表彰分析学领域数学家的出色工作,美国数学学会在 1923 年设立了博谢奖,这个奖是以美国分析几何学家马克希莫·博谢的名字命名的。和其他数学奖的国际性相比,这个奖项获得资格似乎有些苛刻,得奖的数学家必须在北美的数学学术杂志上发表文章,或者美国数学学会会员提名才可以获得,但考虑到最初的奖金的来源是所有美国数学学会会员们捐款筹集的,因此也可以理解。

相较博谢奖,美国数学学会的柯尔奖更不"国际化",柯尔奖分为数论奖和代数奖,只颁发给有卓越贡献的美国数学学会会员,或者在美国数学学术刊物上发表文章的人。

在组合数学的历史上，"数学超人"欧拉为之奠定了基础，为了纪念欧拉，在国际组合数学与应用年会上会颁发欧拉奖。虽然组合数学在数学领域并没有分析学、几何学和代数学那么热门，组合数学家也没有机会获得菲尔兹奖，但欧拉奖弥补了这个空缺。

有趣的是，由于一些数学家的突出贡献，不同数学机构和组织都会以这些数学家的名字命名各自的数学奖。美籍匈牙利数学家乔治·波利亚在 1940 年移居美国，他不仅在数学研究上有很多成果，同时也因为在数学教育上的贡献而被世人所知，他著有《怎样解题》《数学的发现》和《数学与猜想》等著作，已经成为数学教育界的圣经。而设置波利亚奖的机构和组织竟然多达三个！除了美国数学学会和美国工业与应用数学学会分别颁发的两个奖项以外，和波利亚似乎一点关系也没有的伦敦数学协会也设置了一个波利亚奖。

无独有偶，为了表彰陈省身在国际微分几何界的突出贡献和提高华人在国际数学界的形象，中国数学会在 1986 年设置了陈省身奖。而在 2009 年，国际数学家联合会又设置了陈省身奖，并在四年一届的国际数学家大会上颁发。而这两个奖的名称上也做了一些小区别，前者为陈省身数学奖，后者是陈省身奖章。

在最新设置的奖项中，数学突破奖是最引人注意的一个。数学突破奖是科学突破奖中的一个奖项。奖项赞助人都是国际知名的新科技企业家，包括俄罗斯著名投资人亿万富豪尤里·米纳尔，Google 联合创始人谢尔盖·布尔夫妇，Facebook 联合创始人马克·扎克伯格夫妇，阿里巴巴创始人马云夫妇和苹果董事长阿瑟·莱文森等。

尤里·米纳尔在谈到创立这个奖项的原因时说，在几十年前，媒体除了宣传政治人物外，还会宣传像爱因斯坦这样对人类有巨大贡献的科学家，而当今世界却到处充斥着球星和歌手的宣传。为了激励科学家不断做出贡献，他们特别设立了这个奖项。

也许是有感于科学技术为他们带来了大量的财富，这些富豪们饮水思源，才设立了这个奖项。当然，这些富豪们也不会吝惜奖金，每个得奖者可以获得三百万美金，相当于解决了克雷研究所三个千禧年大奖问题。

除此以外，为表彰本国数学家，各个国家也设立了一些奖项。比如中国就设立了钟家庆数学奖、华罗庚数学奖、晨兴数学奖、熊庆来数学奖等奖项。数学奖的设立象征着世界各国已经越来越重视数学对人类发展的重要作用，也意味着，今后这些为数学奋斗的、最聪明的人不再重复阿贝尔等数学家饥寒交迫的悲剧。

100

国际数学奥林匹克竞赛

在 18、19 世纪,很多数学家都在他们十几岁的时候就取得了很大的成就。高斯在十九岁的时候用标尺做出正十七边形,伽罗华在十七岁的时候创立了抽象代数,在十岁之前就能快速心算四位数字的加减乘除,理解并熟练运用微积分甚至看懂当时数学家高深论文的天才不胜枚举。可见在数学上,总有那么一批人有着超人的天赋。为了挖掘数学人才,国际上设立国际数学奥林匹克竞赛,以挖掘和激励青少年数学潜能,为今后的数学研究选拔人才。

国际数学奥林匹克竞赛是世界上规模和影响最大的青少年数学学科竞赛活动,它由罗马尼亚的罗曼教授发起,始创于 1959 年。在第一届国际数学奥林匹克竞赛中,来自罗马尼亚、保加利亚、匈牙利、波兰、前捷克斯洛伐克、前德意志民主共和国和苏联的七个东欧国家的五十二名队员,在罗马尼亚的布拉索夫展开角逐。经过五十多年的发展,国际数学奥林匹克竞赛参赛队伍已经扩充到了一百个国家和地区,近六百名选手,这项竞赛也成为世界青少年在数学上的最高等级赛事。

国际数学奥林匹克竞赛的试题内容涵盖了全部的初等数学,包括函数论、初等数论、组合数学、平面几何等,随着时间的推移,竞赛试题的难度越来越大,但这并不要求选手掌握高深的数学知识,而是对数学本质的理解,并具有洞察力、创造力和在数学上的灵活。

国际数学奥林匹克在每年的七月举行,参赛年龄要求二十岁以下,东道国承担经费并担任主席,试题和解答则由其他会员国提供,东道国负责评议和选取其中的六道题作为最终题目,这些题目用四种国际数学奥林匹克竞赛官方语言撰写,并通过各国国家领队翻译成本国语言分发给选手。每队队员不超过六人,正副领队各一人,竞赛活动分三天,前两天上午各测试三道题,共需四个半小时,第三天为游览活动。

国际数学奥林匹克得奖人数占所有参赛人数的一半,根据分数段评出一、二、三等奖的获得者,并分别授予金、银、铜牌;如果某个选手在试题的解答上提出了有独创性的证明,或者在数学上给出了有深远意义的解答,还会获得评审委员会颁发的特别奖。实际上,特别奖获得要比一、二、三等奖苛刻得多,目前为止,获得特别奖的人很少。另外,国际数学奥林匹克还设置了荣誉奖,奖励那些没有获得一、二、三等奖,且至少有一道题满分的选手,这也激励了参赛国和选手对竞赛的兴趣。

在国际数学奥林匹克竞赛中,曾经出现过令出题者啼笑皆非的事情。在上个世纪90年代的一次竞赛上,某个数学题目的证明过程中涉及了费马大定理,但在命题的时候,费马大定理还只是费马大猜想,并没有得到证明。出题者的意图是让选手们绕过这个猜想证明。没想到到竞赛那一天,一位选手直接使用了费马大定理,但评审委员会也只能算他正确,因为就在前几天,安德鲁·怀尔斯就向世界宣布费马大定理已经得到解决。

现在活跃在国际数学界的数学家们,很多都是当年国际数学奥林匹克竞赛的得奖者,其中最有名的是俄罗斯的佩雷尔曼和澳大利亚的陶哲轩。佩雷尔曼获得了此类竞赛历史上的第一个满分(每题七分,共四十二分),陶哲轩获得金牌的时候还不到十三岁,而其他选手大多数都是十七八岁。中国人口众多,要从相当于其他国家总人口的近千万青少年学生里脱颖而出参加国际数学奥林匹克,并不是那么简单的事情,甚至有时还要靠运气。首先学生们要经过数学省级联赛的选拔,在几十万人中取得前几名,组成省队参加中国数学奥林匹克,然后根据成绩选择前几十人组成国家集训队参加竞赛冬令营,由专门负责竞赛的大学教授授课,这几十人中再经过大大小小的各种考试,最后选择六名选手组成国家队,参加国际数学奥林匹克。经过层层选拔的学生,已经经过千锤百炼而实力超群,近几年中国队的成绩处于世界前列,几乎全部选手都能获得金牌。

小知识

数学研究和数学竞赛在内容和方法上大相径庭,没有什么联系。竞赛取得了好成绩的选手可能做不好数学研究,而数学研究有成果的数学家,在数学竞赛上可能一无是处,类似佩雷尔曼和陶哲轩这样,既擅长数学竞赛又精于数学研究的数学家少之又少。